高等院校微电子专业丛书

微纳传感器及其应用

朱 勇 张海霞 编著

北京大学出版社
PEKING UNIVERSITY PRESS

内 容 简 介

本书约 32 万字,共分八章。第一章对 MEMS 进行了概述,简要介绍了 MEMS 技术的定义、基础理论、制造技术及应用;其后的第二~七章分别以机械微传感器、热微传感器、磁微传感器、光学微传感器与辐射微传感器、化学微传感器与生物微传感器和声波微传感器为主题,介绍了不同种类微传感器的原理及应用;最后第八章介绍了一些传感器的应用实例。各章节后均有习题和参考文献。

本书可作为本科生教材,也可供从事传感器工作的教学、科研和工程技术人员参考。

图书在版编目(CIP)数据

微纳传感器及其应用/朱勇,张海霞编著. —北京:北京大学出版社,2010.7
(高等院校微电子专业丛书)
ISBN 978-7-301-17378-7

Ⅰ. 微… Ⅱ. ①朱…②张… Ⅲ. 微电机—传感器—高等学校—教材 Ⅳ. ①TM38 ②TP212

中国版本图书馆 CIP 数据核字(2010)第 116434 号

书 名	微纳传感器及其应用
著作责任者	朱 勇 张海霞 编著
责 任 编 辑	王 华
标 准 书 号	ISBN 978-7-301-17378-7
出 版 发 行	北京大学出版社
地 址	北京市海淀区成府路 205 号 100871
网 址	http://www.pup.cn 新浪官方微博:@北京大学出版社
电子信箱	zpup@pup.cn
电 话	邮购部 010-62752015 发行部 010-62750672 编辑部 010-62765014
印 刷 者	北京虎彩文化传播有限公司
经 销 者	新华书店
	787mm×980mm 16 开本 12.75 印张 320 千字
	2010 年 7 月第 1 版 2019 年 1 月第 2 次印刷
定 价	28.00 元

未经许可,不得以任何方式复制或抄袭本书之部分或全部内容。
版权所有,侵权必究
举报电话:010-62752024 电子信箱:fd@pup.pku.edu.cn
图书如有印装质量问题,请与出版部联系,电话:010-62756370

前　言

当今信息技术是建立在信息获取、信息传输和信息处理三大基础之上的技术，与之相对应的就是传感技术、通信技术和计算机技术，它们分别构成了信息技术系统的感官、神经和大脑。传感技术特别是新型微纳传感技术的水平直接影响检测控制系统和信息系统的技术水平。

由于传感器的空前发展，人们对这方面知识的需求越来越迫切。虽然目前已有不少关于传感器方面的书籍，但仍然不能满足当前人们的实际需求。为此，我们应高等院校师生和广大科研人员、工程技术人员的要求，组织有教学、科研经验的专家、教授，编写了能满足当前传感器教学的《微纳传感器及其应用》一书。

北京大学的张海霞教授负责本书的统稿和审阅，并完成了一、三、五、七章的编写，黑龙江大学朱勇副教授编写二、四、六、八章的内容。在本书的编写过程中王萍、姜威、柴智进行了大量的绘图及文字录入工作，在这里表示感谢；同时还要感谢参加美新杯大赛的许多同学，第八章借鉴了许多他们的创意和参赛项目书，能为今后参加相关大赛的选手提供帮助。这本书也将作为美新杯大赛的参考书，欢迎大家登录网站进行交流：http://www.icancontest.org。

由于微纳传感器的发展日新月异，编写时间仓促，加之编者水平有限，书中难免存在错误和不足之处，敬请广大读者批评、指正。

本书是在北京大学出版社的大力支持和帮助下出版的，作者对他们的关心和辛勤劳动衷心地表示感谢。

编者

2010 年 5 月

目 录

第一章 MEMS 概论 ……………………………………………………………… (1)
  1.1 MEMS 的定义 ………………………………………………………… (1)
  1.2 MEMS 的基础理论 …………………………………………………… (1)
    1.2.1 微机械常用材料 ………………………………………………… (1)
    1.2.2 微机械的固体力学问题 ………………………………………… (4)
    1.2.3 微机械的工作原理 ……………………………………………… (6)
    1.2.4 微构造特性 ……………………………………………………… (6)
  1.3 MEMS 的制造技术 …………………………………………………… (8)
    1.3.1 微电子加工工艺 ………………………………………………… (8)
    1.3.2 精密加工 ………………………………………………………… (9)
    1.3.3 特种加工 ………………………………………………………… (9)
  1.4 MEMS 技术的应用 …………………………………………………… (10)
    1.4.1 MEMS 传感器的应用 …………………………………………… (10)
    1.4.2 射频 MEMS 器件的应用 ……………………………………… (11)
    1.4.3 生物 MEMS 的应用 …………………………………………… (12)
    1.4.4 光学 MEMS 的应用 …………………………………………… (13)
  1.5 MEMS 的发展前景 …………………………………………………… (14)
  习题 …………………………………………………………………………… (15)
  参考文献 ……………………………………………………………………… (15)

第二章 机械微传感器的应用 …………………………………………………… (17)
  2.1 位移微传感器 ………………………………………………………… (17)
    2.1.1 基本概念 ………………………………………………………… (17)
    2.1.2 电容和电感式位移微传感器 …………………………………… (17)
    2.1.3 光学位移微传感器 ……………………………………………… (17)
    2.1.4 超声波位移微传感器 …………………………………………… (18)
  2.2 速度和流速微传感器 ………………………………………………… (19)
    2.2.1 基本概念 ………………………………………………………… (19)

  2.2.2 热电式流速微传感器 ……………………………………………… (19)
  2.2.3 电容式流量微传感器 ……………………………………………… (21)
  2.2.4 压阻式流量微传感器 ……………………………………………… (22)
  2.2.5 共振桥式流量微传感器 …………………………………………… (23)
 2.3 微型加速度计 ………………………………………………………………… (24)
  2.3.1 基本概念 …………………………………………………………… (24)
  2.3.2 压阻式微加速度计 ………………………………………………… (26)
  2.3.3 压电式微加速度传感器 …………………………………………… (28)
 2.4 力、压强和应变微传感器 …………………………………………………… (30)
  2.4.1 基本概念 …………………………………………………………… (30)
  2.4.2 力微传感器 ………………………………………………………… (31)
  2.4.3 应力敏感的电子器件 ……………………………………………… (31)
  2.4.4 硅微压强传感器 …………………………………………………… (32)
  2.4.5 电阻式应变微传感器 ……………………………………………… (33)
 2.5 质量微传感器 ………………………………………………………………… (34)
  2.5.1 基本概念 …………………………………………………………… (34)
  2.5.2 压电式质量微传感器 ……………………………………………… (34)
  2.5.3 表面声波谐振传感器 ……………………………………………… (35)
习题 ………………………………………………………………………………………… (35)
参考文献 …………………………………………………………………………………… (35)

第三章 热微传感器的应用 ………………………………………………………… (37)
 3.1 热机械传感器 ………………………………………………………………… (37)
 3.2 热敏电阻 ……………………………………………………………………… (40)
  3.2.1 热阻效应 …………………………………………………………… (40)
  3.2.2 金属热敏电阻 ……………………………………………………… (40)
  3.2.3 半导体热敏电阻 …………………………………………………… (43)
 3.3 热二极管 ……………………………………………………………………… (46)
  3.3.1 基本原理 …………………………………………………………… (46)
  3.3.2 集成的热二极管 …………………………………………………… (48)
 3.4 热晶体管 ……………………………………………………………………… (49)
  3.4.1 基本原理 …………………………………………………………… (49)
  3.4.2 集成的热晶体管 …………………………………………………… (49)
 3.5 热电偶 ………………………………………………………………………… (50)

3.6 其他电测量热微传感器 (54)
   3.6.1 热开关 (54)
   3.6.2 微热量计 (54)
3.7 其他非电测量热微传感器 (54)
   3.7.1 温度计 (54)
   3.7.2 温度指示器和光纤传感器 (55)
   3.7.3 表面声波温度微传感器 (56)
习题 (57)
参考文献 (57)

第四章 磁微传感器的应用 (59)

4.1 霍尔效应器件 (60)
   4.1.1 霍尔效应 (60)
   4.1.2 霍尔器件的工作原理 (61)
   4.1.3 半导体中的霍尔效应 (63)
   4.1.4 霍尔传感器 (63)
4.2 磁阻效应器件 (73)
   4.2.1 磁阻效应 (73)
   4.2.2 磁阻器件 (76)
   4.2.3 磁阻传感器的应用举例 (78)
4.3 磁敏二极管和磁敏三极管 (80)
   4.3.1 磁敏二极管 (80)
   4.3.2 磁敏三极管 (84)
4.4 磁通门微磁强计 (88)
   4.4.1 磁通门微磁强计的结构 (88)
   4.4.2 磁通门微磁强计的原理 (89)
   4.4.3 磁通门微磁强计的应用 (89)
4.5 隧道效应磁强计 (90)
   4.5.1 隧道效应磁强计的结构 (90)
   4.5.2 隧道效应磁强计的原理 (91)
   4.5.3 隧道效应磁强计的性能参数 (91)
4.6 超导量子干涉磁强计 (92)
   4.6.1 约瑟夫森效应 (92)

4.6.2　磁场对直流约瑟夫森效应的影响 …………………………………… (93)
　　　4.6.3　SQUID 器件 ………………………………………………………… (94)
　习题 ………………………………………………………………………………… (95)
　参考文献 …………………………………………………………………………… (95)

第五章　光学微传感器与辐射微传感器应用 ……………………………………… (97)
　5.1　光学微传感器 ……………………………………………………………… (97)
　　　5.1.1　光学微传感器的主要性能参数 ……………………………………… (99)
　　　5.1.2　直接型光学传感器 …………………………………………………… (100)
　　　5.1.3　光敏电阻传感器 ……………………………………………………… (103)
　　　5.1.4　间接光学微传感器 …………………………………………………… (113)
　5.2　辐射微传感器 ……………………………………………………………… (114)
　　　5.2.1　辐射粒子 ……………………………………………………………… (114)
　　　5.2.2　光谱 …………………………………………………………………… (115)
　　　5.2.3　核辐射传感器 ………………………………………………………… (117)
　习题 ………………………………………………………………………………… (120)
　参考文献 …………………………………………………………………………… (120)

第六章　化学微传感器与生物微传感器的应用 …………………………………… (121)
　6.1　化学微传感器 ……………………………………………………………… (121)
　　　6.1.1　离子敏传感器 ………………………………………………………… (121)
　　　6.1.2　气敏传感器 …………………………………………………………… (127)
　　　6.1.3　湿敏传感器 …………………………………………………………… (131)
　6.2　生物微传感器 ……………………………………………………………… (132)
　　　6.2.1　酶传感器 ……………………………………………………………… (133)
　　　6.2.2　微生物传感器 ………………………………………………………… (134)
　　　6.2.3　组织传感器 …………………………………………………………… (136)
　　　6.2.4　细胞传感器 …………………………………………………………… (137)
　　　6.2.5　免疫传感器 …………………………………………………………… (138)
　　　6.2.6　基因芯片 ……………………………………………………………… (140)
　习题 ………………………………………………………………………………… (141)
　参考文献 …………………………………………………………………………… (141)

第七章 声波微传感器的应用 …………………………………………………… (143)

- 7.1 声波微传感器概述 ………………………………………………………… (143)
  - 7.1.1 声波技术和压电效应 ………………………………………………… (143)
  - 7.1.2 声波的传播 …………………………………………………………… (144)
  - 7.1.3 声波的探测 …………………………………………………………… (147)
- 7.2 体声波微传感器 …………………………………………………………… (149)
  - 7.2.1 TSM 谐振器 …………………………………………………………… (149)
  - 7.2.2 SH-APM 传感器 ……………………………………………………… (150)
- 7.3 表面声波微传感器 ………………………………………………………… (151)
  - 7.3.1 表面声波的类型 ……………………………………………………… (151)
  - 7.3.2 表面声波的激发 ……………………………………………………… (152)
  - 7.3.3 基本的 SAW 器件 …………………………………………………… (154)
  - 7.3.4 SAW 传感器的测量原理 …………………………………………… (154)
- 习题 ……………………………………………………………………………… (156)
- 参考文献 ………………………………………………………………………… (156)

第八章 微纳传感器应用实例 ………………………………………………… (158)

- 8.1 基于手势识别的多功能电子钥匙 ………………………………………… (158)
  - 8.1.1 项目介绍 ……………………………………………………………… (158)
  - 8.1.2 项目原理 ……………………………………………………………… (158)
  - 8.1.3 项目设计方案 ………………………………………………………… (159)
- 8.2 基于地磁传感器的数字指南针 …………………………………………… (161)
  - 8.2.1 项目介绍 ……………………………………………………………… (161)
  - 8.2.2 项目原理 ……………………………………………………………… (161)
  - 8.2.3 项目设计方案 ………………………………………………………… (162)
  - 8.2.4 项目优点 ……………………………………………………………… (165)
- 8.3 新型宠物伴侣 ……………………………………………………………… (165)
  - 8.3.1 项目背景 ……………………………………………………………… (165)
  - 8.3.2 设计方案 ……………………………………………………………… (165)
  - 8.3.3 系统设计 ……………………………………………………………… (167)
  - 8.3.4 软件方案 ……………………………………………………………… (169)
  - 8.3.5 系统测试 ……………………………………………………………… (172)
  - 8.3.6 市场前景展望 ………………………………………………………… (173)

8.4 电子便携导盲棒 ………………………………………………………………… (173)
　　8.4.1 项目介绍 ………………………………………………………………… (173)
　　8.4.2 项目原理 ………………………………………………………………… (174)
　　8.4.3 项目设计方案 …………………………………………………………… (174)
　　8.4.4 市场展望 ………………………………………………………………… (176)
8.5 多功能水蒸发器 ………………………………………………………………… (176)
　　8.5.1 项目介绍 ………………………………………………………………… (176)
　　8.5.2 项目原理 ………………………………………………………………… (176)
　　8.5.3 项目设计方案 …………………………………………………………… (177)
　　8.5.4 市场调查分析 …………………………………………………………… (178)
习题 ……………………………………………………………………………………… (179)
参考文献 ………………………………………………………………………………… (179)

附录A 美新产品 ………………………………………………………………………… (180)
A.1 美新加速度传感器 ……………………………………………………………… (180)
A.2 美新磁传感器——MMC212xMG ……………………………………………… (182)
A.3 美新流量传感器——MFC001 ………………………………………………… (183)

附录B 敏芯产品 ………………………………………………………………………… (186)
B.1 敏芯微电子压力传感器——MSPA15A ……………………………………… (186)
B.2 敏芯微电子硅麦克风声学传感器——MSMAS42Z ………………………… (187)

附录C 微电子学常用词及缩略语 ……………………………………………………… (190)

第一章 MEMS 概论

1.1 MEMS 的定义

微电子机械系统(micro electro mechanical systems，MEMS)技术是建立在微米/纳米技术(micro/nano technology)基础上的前沿技术,是指对微米/纳米材料进行设计、加工、制造、测量和控制的技术。MEMS 是微机械(微米/纳米级)与集成电路(integrated circuit,IC)集成的微系统,是一种具有智能的微系统。MEMS 就是对系统级芯片的进一步集成,我们几乎可以在单个芯片上集成任何东西,像机械构件、驱动部件、光学系统、发音系统、化学分析、无线系统、计算系统、电控系统集成为一个整体单元的微型系统。因此,MEMS 技术是一门多学科交叉的技术。

微电子机械系统不仅能够采集、处理与发送信息或指令,还能够按照所获取的信息自主地或根据外部的指令采取行动。它既可以根据电路信号的指令控制执行元件实现机械驱动,也可以利用传感器探测或接受外部信号。传感器将转换后的信号经电路处理,再由执行器变为机械信号,完成执行命令的操作。它用微电子技术和微加工技术相结合的制造工艺,实现了微电子与机械装置的融合,制造出各种性能优异、价格低廉、微型化的传感器、执行器、驱动器、信号处理和控制电路、接口电路和微系统。

MEMS 用于传统大尺寸系统所不能完成的任务,也可以把独立的微传感器和微执行器直接嵌入到大尺寸系统中。习惯上依据机械器件结构的尺寸,将特征尺寸在 $1\ \mu m \sim 1\ mm$ 范围内的机械称为微型机械,特征尺寸在 $1\ nm \sim 1\ \mu m$ 的机械称为纳米机械。由这些微机械所构成的机电系统称为微纳机电系统。

1.2 MEMS 的基础理论

1.2.1 微机械常用材料

在微机械中通常使用的功能材料是硅,硅材料发挥着重要的作用,主要原因是硅材料含量丰富、具有优良的机械特性和电性能,而且在微电子加工中有现成的加工工艺。除了硅材料外,还有金属及金属氧化物、陶瓷和聚合物等材料可用。微机械常用材料的用途、制作工艺及特征如表 1-1 所示。

表 1-1 微机械使用的材料和特性

名 称	用 途	制作工艺	特 征
聚酰亚胺	构造材料	半导体工艺	性能稳定、有柔性、成膜简单
钨	构造材料	半导体工艺	
铝	构造材料	半导体工艺	有韧性、不溶于氢氟酸
铜、镍、金	构造材料	电镀	有韧性
CaAs	光学器件	半导体工艺	受光、发光、可动构造
石英	执行器	各向异性腐蚀	绝缘、透明、具有压电性
ZnO	执行器	半导体工艺	具有压电性
压电陶瓷 PZT($PbZrO_3$ 和 $PbTiO_3$ 的固溶体)又称锆钛酸铅	执行器	厚膜工艺	强压电性
TiNi	执行器	半导体工艺	形状记忆合金
Si_3N_4	润滑膜	半导体工艺	高强度、稳定、绝缘
类金刚石碳(diamond-like carbon, DLC)	润滑膜	半导体工艺	金刚石膜

1. 硅

硅具有以下优点:

(1) 硅具有优良的机械特性,其力学性能稳定,比不锈钢的拉伸强度高,硬度高,弹性好,抗疲劳。

(2) 熔点高达 1400℃,是铝的两倍。

(3) 无机械延迟。

(4) 硅片表面光洁,利用光刻技术和自动生产线可廉价大量生产。

硅材料多制成单晶硅芯棒,单晶硅是微电子机械系统用做衬底的主要材料。单晶硅具有良好的机械物理性能,性能稳定。硅晶体的晶格缺陷少,经过微细加工后,容易获得平整的表面。单晶硅具有压电、电磁、热敏等多种效应,因此可用于加工微传感器和微执行器。硅化物主要包括多晶硅、氧化硅、碳化硅和氮化硅,都是微电子机械系统常用材料。

2. 金属及金属氧化物

薄膜金属厚膜结构是用来制造微电子机械系统部件的,大多数厚膜金属被用做末级部件结构材料,或者用做陶瓷微膜上聚合物的镶嵌部件。用于 MEMS 的各种合金及其相关工艺也得到了很好的发展,目前最常用的形状记忆合金(shape memory alloy, SMA)为铜基合金,其具有成本低、热导率高、反应时间短的优点。CoNiMn 薄膜已被用做磁执行器中的永久磁性材料;NiFe 坡莫合金厚膜已被用于硅片的衬底;1963 年发现的 TiNi 合金具有形状记忆效应,已经有人将其用在衬底上,用于表面贴装组件的感测和制动,如剑桥大学研制的 SMA 驱动微泵,通过在 TiNi 合金上加不同的温度来驱动 TiNi 合金上下震动,从而能带动多晶硅膜也随之震动,实现微泵的制动。

通常都用 ZnO 薄膜制备声波传感器。体声波情况下的调谐来回插入损耗,表面声波情况下的延迟线、旋转器、相关器等的输出插入损耗及相位特性都可用来测量溅射的 ZnO 薄膜。ZnO 可以用激光辅助的真空蒸发获得,这种方法使用了 CO_2 激光和 ZnO 薄膜。激光辅助蒸发 ZnO 薄膜具有某些特别的优点。首先,整个工艺是没有污染的;其次,可以蒸发多种大面积的原材料;最后,可现场退火。

3. 陶瓷

陶瓷是用于 MEMS 的一种主要材料,又称为精细陶瓷材料,通过控制化学合成物质的比例及精密成型烧结,加工成适合微机电系统的陶瓷。对某些特殊用途的 MEMS 而言,厚膜陶瓷和三维(3D)陶瓷则是必不可少的结构材料。陶瓷在微机电系统中主要用于微传感器和微执行器的基板和封装材料,他们主要用的陶瓷材料是压电陶瓷,压电陶瓷又分为正压电效应和逆压电效应。

某些电介质在沿一定方向上受到外力的作用而变形时,其内部会产生极化现象,同时在它的两个相对表面上出现正负相反的电荷。当外力去掉后,它又会恢复到不带电的状态,这种现象称为正压电效应。当作用力的方向改变时,电荷的极性也随之改变。相反,当在电介质的极化方向上施加电场,这些电介质也会发生变形,电场去掉后,电介质的变形随之消失,这种现象称为逆压电效应,或称为电致伸缩现象。电解质受力所产生的电荷量与外力的大小成正比。压电式传感器大多是利用正压电效应制成的,依据电介质压电效应研制的一类传感器称为压电传感器。

用逆压电效应制造的变送器可用于电声和超声工程。压电敏感元件的受力变形有厚度变形型、长度变形型、体积变形型、厚度切变型、平面切变型等 5 种基本形式。压电晶体是各向异性的,并非所有晶体都能在这 5 种状态下产生压电效应。例如石英晶体就没有体积变形压电效应,但具有良好的厚度变形和长度变形压电效应。

压电陶瓷是功能陶瓷中应用极广的一种。日常生活中很多人使用的"电子打火机"和煤气灶上的电子点火器,就是压电陶瓷的一种应用。点火器就是利用压电陶瓷的压电特性,向其上施加力,使之产生十几千伏(kV)的高电压,从而产生火花放电,达到点火的目的。

压电陶瓷实际上是一种经过极化处理的、具有压电效应的铁电陶瓷,它是能够将机械能和电能互相转换的功能陶瓷材料。压电陶瓷材料性能优异,制造简单,成本低廉,应用广泛。例如陶瓷滤波器、声表面波器件、电光器件、红外探测器件和压电陀螺等。

(1) 细晶粒压电陶瓷。

以往的压电陶瓷是由几微米至几十微米的多畴晶粒组成的多晶材料,尺寸已不能满足需要了。减小粒径至亚微米级,可以改进材料的加工性,可将基片做得更薄,以提高阵列频率,降低换能器阵列的损耗,提高器件的机械强度,减小多层器件每层的厚度,从而降低驱动电压,这对提高叠层变压器、制动器都是有益的。减小粒径有上述如此多的好处,但同时也带来了降低压电效应的影响。为了克服这种影响,人们更改了传统的掺杂工艺,使细晶粒压电陶瓷压电效应增加到与粗晶粒压电陶瓷相当的水平。现在制作细晶粒材料的成本已可与普通陶瓷竞争了。近年来,人们用细晶粒压电陶瓷进行了切割研磨研究,并制作出了一些高频换能器、微制动器及薄型蜂鸣器(瓷片 20~30 μm 厚),证明了细晶粒压电陶瓷的优越性。

(2) $Pb(Zr,Ti)O_3$。

$Pb(Zr,Ti)O_3$ 又称为PZT,它们具有高的压电耦合系数和介电系数,因此很适合微传感器。在某些条件下,PZT 的压电耦合系数要比 ZnO 或 ALN 大一个数量级。此外,它们还具有大的热电响应和大的自生极化,因而成为 IR 探测器和非易失性存储器的重要材料。目前,已提出了大量的有关 PZT 的应用,并且有些已经经过详尽的研究,例如 SAW 延迟线、热电传感器和存储器件。关于制备 PZT 薄膜方法的研究也延续了十余年,其中包括电子束蒸发、射频(radio frenquency, RF)溅射、离子束沉积、RF 溅射的外延生长、磁控溅射、MOCVD、激光融化以及溶胶-凝胶法,而研究最多的是物理的 RF 溅射和化学的溶胶-凝胶法。

(3) 压电陶瓷-高聚物复合材料。

无机压电陶瓷和有机高分子树脂构成的压电陶瓷-高聚物复合材料,兼备无机和有机压电材料的性能,并能产生两相都没有的特性。因此,可以根据需要,综合二相材料的优点,制作良好性能的换能器和传感器。它的接收灵敏度很高,比普通压电陶瓷更适合于水声换能器。在其它超声波换能器和传感器方面,压电复合材料也有较大优势。

(4) 压电性特异的多元单晶压电体。

传统的压电陶瓷较其它类型的压电材料压电效应要强,从而得到了广泛应用。但作为大应边、高能换能材料,传统压电陶瓷的压电效应仍不能满足要求。铁电压电学者们称这类材料的出现是压电材料发展的又一次飞跃。现在美国、日本、俄罗斯和中国已开始进行这类材料的生产工艺研究,它的批量生产的成功必将带来压电材料应用的飞速发展。

4. 聚合物

聚合物分子一般较大,是由小分子构造而成的链状分子。MEMS 正致力于使用聚合物材料,它们有着吸引人的特点:可铸性、一致性、易沉淀、薄厚膜、聚合物具有半导体甚至金属性质和其分子结构有着广泛的可选性。

聚合物 MEMS 是指使用聚酰亚胺等树脂原料的 MEMS 技术。与硅相比,具有柔软、易弯曲、光学性质和生物兼容性的特点,而且还具有易于加工技术和低成本的特点。基于聚合物 MEMS 的加工可以使用不同于使用硅和玻璃材料的 MEMS 元件的技术。其代表就是将模具压到材料上进行加工的压印技术,采用聚合物薄膜、聚合物厚膜和三维聚合物微型结构已经制造各种聚合物部件。

最近几年,有相当多的聚合物材料被应用到微机电系统中,例如聚酰亚胺、SU-8、液晶聚合物、聚二甲基硅氧烷、聚甲基丙烯酸甲酯、聚对二甲苯和聚四氟乙烯等。

1.2.2 微机械的固体力学问题

随着人们对固体材料强度和破坏机理的研究不断深入,人们对材料力学行为的认识已由宏观层次逐步向着微观层次深入。微机电系统与微电子技术的区别就在就于器件内部存在机械运动,而力学作为工程学科的分支,主要研究物体的受力及其产生的运动问题。在微机电系统中，无论是压力传感器的变形运动还是加速度传感器的缸体运动，都要对物体的运动进行研究。在 MEMS 中所涉及到的固体力学问题包括尺寸效应、膜的力学问题、弹性力学问题和梁的力学问题。

区别于常规尺寸，当物体尺寸的减少导致的新现象和新规律可归结于微尺寸效应。而新规律和新现象的产生必然有其物理上的内在原因。尺寸效应可分为两类：第一类是当物体的尺寸与载能粒子的平均自由程相当或者稍大时，常规尺度下的连续介质假定不再成立。第二类是当物体的尺寸还没有小到连续介质假定不能成立的程度，所有常规尺寸下的基本方程和定律还适用，只是由于小的尺寸使得影响物理量的各因素的相对关系的重要性发生改变，从而呈现出新的规律和现象。MEMS 技术中的尺寸效应主要属于第二类。由于 MEMS 的尺寸很小，各种物理性能都发生了改变，在宏观系统中的主导量在微型化后将退居次要位置，而在宏观系统中被认为忽略的物理量，在 MEMS 中却成为了影响其性质的主要因素。例如，惯性力比重力缩小得快，固有频率随着尺寸的减小反而增大，长度的尺寸变化要比面积减小得慢。

随着器件或系统的尺寸缩小，它们的性能变化规律如表 1-2 所示。

表 1-2　物理参数的尺寸效应

参　数	符　号	表达式	尺寸效应	备　注
长度	L	L	L	
表面积	S	$\propto L^2$	L^2	
体积	V	$\propto L^3$	L^3	
质量	m	ρV	L^3	
压力	f_p	Sp	L^2	
重力	f_g	mg	L^3	
惯性力	f_i	md^2x/dt^2	L^4	x：位移量
摩擦力	f_f	$uS/d\,(dx/dt)$	L^2	u：弹性系数，d：间隔
弹性力	f_e	$eS\Delta L/L$	L^2	e：杨氏弹性模量
线性弹性系数	K	$2uV/(\Delta L)^2$	L	u：单位体积伸长所需能量
固有振动频率	ω	$\sqrt{K/m}$	L^{-1}	
转动惯量	I	amr^2	L^5	a：常数
重力产生的绕度	D	m/K	L^2	
雷诺数	R_e	f_i/f_f	L^2	
热传导	Q_e	$\lambda \Delta TA/d$	L	λ：热传导率
热对流	Q_t	$h\Delta TS$	L^2	h：温度传导率
热辐射	Q_r	CT^4S	L^2	C：常数
静电力	F_e	$\varepsilon SE^2/2$	L	ε：介电常数
电磁力	F_m	$\mu SH^2/2$	L^4	μ：导磁率，H：磁场强度
热膨胀力	F_T	$eS\Delta L(T)/L$	L^2	

通过中间的膜片在不同的温度变化时，会产生不同的型变量变形实现微泵的开关功能；用机械振动原理可以制造出微加速度计、微陀螺仪、压力传感器、微谐振器等；根据折梁的力学问题研究其形变量可制造出微执行器、生物芯片等。

1.2.3 微机械的工作原理

由于MEMS的尺寸很小，所以传统的电机不能用作驱动源使其工作。MEMS的驱动方式大致可分为电磁力、静电力、压电力、热膨胀和形态记忆合金。

MEMS的产品主要由微传感器、微执行器、微能源、处理电路等部件组成的，目前MEMS产品的能源装置还是数字电路能源。传感器是由敏感元件和转换元件组成的，敏感元件是传感器中能直接感受外界信号的原件，而转换元件能将敏感元件感受到得外界信号转换成合适的电信号。微传感器具备微型化、集成化、低成本、低功耗、高精度、高寿命、响应速度快等特点。

1.2.4 微构造特性

微构造的特性很大程度上依赖于材料的本质特性。表1-3给出了材料的特性和它们对于微小构造体的影响。

表1-3 材料的特性和对微构造的影响

物性	影响	影响举例
1. 内应力	弹性形变，固有	压力传感器的灵敏度，振动传感器的固有振动频率
2. 杨氏模量	频率，弯曲变形	
3. 拉伸强度	机械强度	微型泵的结构强度
4. 疲劳强度	可靠性	
5. 热传导率	热偶性常数	流量传感器和热红外传感器的响应速度和灵敏度
6. 热容量	热绝缘性	
7. 摩擦	摩擦阻抗	微型电机的转动速度
8. 磨耗	持久性	

压力、速度和振动传感器的机械特性受到材料内应力和弹性模量的影响很大。这里以圆形薄膜微型压力传感器为例，当薄膜中心的形变量比膜厚小很多时，有内部应力存在，压力p和中心变形w_0的关系是：

$$p = 4\frac{w_0 d}{\alpha^2}\left[\frac{4}{3}\frac{E}{1-\nu^2}\left(\frac{d}{\alpha}\right)^2 + \sigma\right] \tag{1-1}$$

式中：d为薄膜的厚度，α微薄膜的半径，E为薄膜的弹性模量，ν为泊松比，σ为内部应力。

图1-1给出了一组形变和内应力间的计算结果，当内部应力很大（$\sigma > 100\,\text{GPs}$）时，灵敏

度严重下降至接近零。当内应力比较小($\sigma<0.1\text{GPa}$)时,随弹性模量 E 的增大,传感器的灵敏度下降而且与内部应力无关。

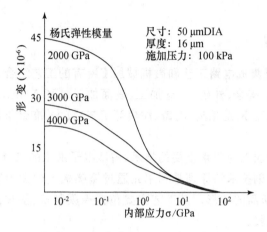

图1-1 圆形薄膜的内应力及形变特性

在微构造的设计中材料的机械特性是至关重要的。表1-4列出了单晶硅和普通材料的机械特性。单晶硅和不锈钢的杨氏模量基本相同,但单晶硅的降服强度大,是一种很优良的材料。用微型双支撑梁或悬臂梁这样的简单构造就可以测定薄膜的内部应力、杨氏模量等参数。为了控制薄膜的内部应力或弹性模量,常采用向膜内注磷、硼或氢的方法,注入杂质的量不同,效果也不同。

表1-4 常用材料的机械特性

	屈服强度 (GPa)	努普硬度 (MPa)	杨氏模量 (E/Pa)	密度 ($\rho/(\text{g}\cdot\text{cm}^{-3})$)	热导率 ($\text{W}\cdot(\text{cm}\cdot\text{K})^{-1}$)	热膨胀率 ($\text{PPm}\cdot\text{K}^{-1}$)
金刚石	50	7000	10.35	3.5	20	1.0
SiC	21	2480	7.0	3.2	3.5	3.3
TiC	20	2470	4.97	4.9	3.3	6.4
Al_2O_3	15.4	2100	5.3	4.0	0.5	5.4
Si_3N_4	14	3486	3.85	3.1	0.19	0.8
Fe	12.6	400	1.96	7.8	0.80	12
SiO_2	8.4	820	0.73	2.5	0.01	40.55
Si	7.0	850	1.9	2.3	1.57	2.33
Mn	2.1	275	3.43	10.3	1.38	5.0
Al	0.17	130	0.70	2.7	2.36	25

1.3 MEMS 的制造技术

1.3.1 微电子加工工艺

　　MEMS 制造工艺是集成电路工艺和微机械加工特有的工艺结合,而微电子加工工艺主要包括光刻、沉积、腐蚀、键合、外延、体硅加工、表面加工、LIGA(lithograph galvanformung 和 abformug 的缩写,包括 X 光光刻、电铸、注模等工艺)技术、准分子激光工艺、分子操纵技术和封装技术。

　　光刻技术是微电子加工的非常重要的技术,占微电子加工的三分之一,是衡量微电子加工工艺的重要指标。光刻技术的原理是利用光通过掩膜板上的图形窗口,照射衬底上的敏感薄膜,在衬底上形成所需的图形。其工艺主要包括掩膜制备、基片前处理、上胶、前烘、曝光、显影、后烘、蚀刻、去胶。

　　沉积分为化学气相沉积和物理气相沉积。化学气相沉积是利用气体通过某种方式激活,在衬底上发生化学反应,而沉积出所需的固体薄膜。物理气相沉积是通过蒸发,电离或溅射等过程,产生金属粒子并与反应气体发生反应形成化合物沉积所需要的薄膜。

　　腐蚀是利用化学和物理的方法对原有材料需要去除的部分进行去除。物理腐蚀是利用放电时产生的高能惰性气体离子对材料进行物理轰击,主要包括腐蚀性气体离子的产生、离子轰击基片、基片表面腐蚀和腐蚀反应物清除。化学腐蚀法是将腐蚀材料线氧化,在进行化学反应,使其生成氧化物进行溶解。

　　键合技术主要包括:阳极键合技术、硅-硅基片直接键合技术和金-硅共晶键合技术。阳极键合技术是在强电场作用下,将两个被键合表面紧密贴在一起,通过氧-硅化学键将被键合的材料牢固的结合在一起。而硅-硅基片直接键合不需要任何黏结物也不需要引入其他材料,但必须在高温下进行,1000～1200℃。金和硅的共熔温度较低,大约 363℃,因此金-硅键合过程是低温键合。

　　外延技术是在单晶硅或 GaAs 的表面上生长出一层新单晶的技术,由衬底表面线外延伸的称为外延。

　　体硅加工技术是通过腐蚀技术有选择性地去除部分硅基片以形成微机械结构。

　　表面加工技术是通过在硅基底上形成薄膜,并按要求对薄膜进行加工,从而得到完全建立在硅基底表面上的 MEMS 技术。主要优点是与常规的集成电路工艺兼容。

　　LIGA 技术是 20 世纪 80 年代由德国的 Karlsruhe 研究中心在制造微喷嘴时研制出来的,主要工艺包括深层同步辐射 X 射线光刻、电铸成型和注塑成型。LIGA 技术具有可制造出大的高宽比的结构、材料广泛、加工精度高及可重复复制。

　　准分子激光器输出波长处于电磁波普紫外区域的射线,通过吸收强的紫外线,准分子激光辐射的整个能量就集中在材料的一个薄层内,从而形成高能量密度。

分子操纵技术是通过对分子的操纵实现在纳米尺度上对材料进行加工。实现分子操纵的设备主要有扫描隧道显微镜、原子力显微镜和光镊子。

MEMS 封装技术中面临的主要问题是 MEMS 的核心元件都是敏感元件,工作时需要同外界环境接触,对于执行元件来说,问题是执行元件的接口。封装设计中需要考虑的问题包括封装和制造的成本、封装同外界环境的关系、封装可靠性、非工作黏附对封装的影响及尽量减少引线和接点。

1.3.2 精密加工

精密加工是在亚微米量级下进行加工的,主要的工艺有精密磨削、研磨、激光加工、电子束加工、离子束加工。

精密磨削主要加工硬质材料,机床精度、砂轮材料、砂轮修整方法、加工余量、磨削深度、走刀次数和切削液体是影响加工质量的主要因素。

研磨是在器件表面和研具间加入研磨剂,在一定压力下使磨具和被磨器件做相对运动,从而使得研磨剂中的大量微粒均匀地将器件表面抹掉一层极薄的物质。

激光加工是利用高能量的激光束转化为热能,对器件进行切割、打孔和焊接等操作。激光加工具有加工速度快、效率高、热响应小、没有工具耗损等优点。

电子束加工工艺是在真空条件下,用电流加热阴极发射电子束,利用聚焦加速后的电子束具有很高的能量,并以极高的速度冲击到被加工的器件表面上,动能转化为热能,实现对材料的加工。

离子加工是把惰性气体通过离子源产生离子束,也是利用热能对材料进行加工。

1.3.3 特种加工

特种加工是利用化学能、声能、光能和电能实现高能量密度的加工;主要包括电火花加工、线切割加工、电解加工、电铸加工和超声波加工。

电火花加工是在工具和器件之间施加脉冲电压时,两极间产生很强的电场,由于器件表面凹凸不平,使间隙中的电场强度不均匀,最凸出的地方电场最大,产生电火花放电,局部产生的高温将被加工材料腐蚀的加工方法。

线切割加工是利用移动的工具线电极穿过被加工器件上的孔,通过正交工作台按照预定的轨迹运动,就可以切割出所需要的器件形状。

电解加工是利用金属电解液将器件加工成型的,加工时器件接电源正极,加工工具接电源负极。电解加工效率高,是电火花加工的 5~10 倍,而且不受材料的影响,表面没有毛刺。

电铸加工时,电铸材料作阳极,导电原模作阴极,电铸液中的金属离子在阴极还原成金属,沉积在阴极原模上,阳极金属原子逸出电子后溶解在电解液中,从而保持溶液中的金属离子浓度不变。

超声波换能器将超声波发生器所产生的高频振动转化成高频机械振动,借助变幅杆将振动的幅度放大,驱动工具端面做超声波振动。被加工器件和工具之间加入磨料,工具的振动将磨料颗粒加速,使颗粒不断冲刷器件表面,实现对器件的加工。

1.4 MEMS 技术的应用

MEMS 技术从功能上来划分可分为 MEMS 传感器、MEMS 执行器、射频 MEMS(radio frequency MEMS,RF MEMS)器件、生物 MEMS(bio MEMS)、微光机电系统(micro optical electro mechanical systems,MOEMS)等。

1.4.1 MEMS 传感器的应用

MEMS 传感器也称微型传感器,是微型集成化器件,是应用最广泛的 MEMS 器件。MEMS 传感器一般是把信号处理电路和敏感单元集成制作在一个芯片上。这样传感器不仅能够感知被测参数,将其转换成方便度量的信号;而且能对所得到的信号进行分析、处理和识别、判断,因此形象地被称为智能传感器。按被测量来划分,通常可分为以下 7 类:

(1) 压力传感器:绝对压力的传感器和计量压力的传感器。
(2) 热学传感器:温度和热量传感器。
(3) 力学传感器:力、压强、速度和加速度传感器。
(4) 化学传感器:化学浓度、化学成分和反应率传感器。
(5) 磁学传感器:磁场强度、磁通密度和磁化强度传感器。
(6) 辐射传感器:电磁波强度传感器。
(7) 电学传感器:电压、电流和电荷传感器。

MEMS 型压力传感器可分为压阻式、电容式和压电式。压阻式传感器利用压阻效应来测量压力大小。所谓压阻效应是指材料(特别是半导体材料)受到应力作用时,电阻率发生明显变化的现象。

MEMS 加速度计的类型很多,按信号检测方式可以分为电容式、压阻式和隧道电流式,电容式加速度计由于具有体积小、工艺简单、一致性好、温度漂移小等诸多优点,从而在众多领域得到了广泛应用。MEMS 加速度计可用于测量弹药初射角和轨迹,进行智能化引信控制,缩小炸点散布,大幅度提高压制性兵器的武器效能;MEMS 加速度计还可以用在弹道修正引信、侵彻自适应引信、常规弹道测试、导航定位系统中,进行弹道修正、提高射程,甚至制造出 80~120 km 射程的制导火箭弹。高量程的加速度传感器在军事领域当中具有非常重要的应用价值,最典型的用途是应用在侵彻硬目标的"钻地"和"穿甲"弹的引信系统。日常见到的陀螺是孩子们的玩具,高速自转的陀螺具有保持其对称方向基本不变的特性,常用做航空和航天飞行器中的定向装置,这也是惯性 MEMS 的用途之一。MEMS 陀螺是最新发展起来的一种微型陀螺,它是用来测量角速度的微型传感器。从结构来看,MEMS 陀螺有绕行梁框架式、梳状音叉式、振动轮式和振动环式等;从驱动方式看,有静电驱动、电磁驱动、压电驱动等;从检测方式看,有电容检测、压阻检测、压电检测、光学检测等。我们熟知管乐、弦乐、钟声、鼓声都是利用谐振特性工作的,MEMS 谐振式传感器是一种高精度的传感器,这种传感器输出的是频率信号,这种信号可作为准数字信号,可以不必进行 A/D 变换就进入数字电路系统,而且它没有压阻式传感器易受温度影响大的缺点,长距离传输也不易产生失真,所以传感器性能十分稳定,是当前研究的热点之一。除了上面介绍的几种典型 MEMS 传感器外,还有许许多多的 MEMS 传感器,如用于微观判断的 MEMS 触觉传感器(触觉包括接近觉、接触觉、压觉、力觉、滑觉等)、MEMS 生物传感器、MEMS 图像传感器、用于气象分析的微型气相色谱仪、可分析气体的种类和浓度的 MEMS 气敏传感器(电子鼻)、测量湿度的微型湿敏传感器、用于测量各种气体流量的微型气体流量传感器等。

1.4.2 射频 MEMS 器件的应用

射频 MEMS 器件表现出的性能指标,远远超过了传统的 PIN 管和 GaAs 器件所能达到的指标。RF MEMS 开关、可变电容、电感,适用于 DC-120 GHz。MEMS 微波传输线、高 Q 值谐振器、滤波器、天线,适用于 12～200 GHz。利用声波谐振原理制成的薄膜体声波谐振器和滤波器,频率可达 3 GHz,Q 值超过 2000。利用机械悬臂梁的谐振原理制造的微机械谐振器和滤波器,频率在几百兆赫。MEMS 开关通过在微波传输线上的可动结构实现微波信号的通断,可分为并联和串联两类。并联开关在几十飞法(fF)和几个皮法(pF)之间跳变实现微波信号的通断,并联开关只适于高频工作,在 X 波段以上隔离度才能满足要求,具有使用价值。串联开关通过中间悬浮的微带线的运动实现微波传输线的通断。串联开关低频端的隔离度较高。目前提高隔离度比较好的方案是采用 BST[$Ba_xSr_{(1-x)}TiO_3$,钛酸锶钡,BST],比采用氮化硅介质提高 15 dB 以上。RF MEMS 器件开关具有单刀单掷、单刀多掷等多种结构,可方便地制造成阵列。

RF MEMS 器件可变电容通过静电力调节电容间隙或电容面积,调节系数能够达到 20∶1 以上,未加电压时的电容值可以从 VHF 频段时的几 pF 到 X 波段的 0.1 pF 变化。RF MEMS 器件可变电容的 Q 值能够达到 20 以上。和传统的 pn 结可变电容相比,在调节系数和 Q 值方面具有明显优势。同时 MEMS 可变电容的工作频段很宽,理论上的截止频率超过 1000 GHz。RF MEMS 高 Q 值无源器件在单片微波集成电路设计中,高 Q 值的电感、电容、传输线是提高电路性能的重要因素。采用 MEMS 工艺可以降低器件的衬底损耗,提高 Q 值。对于电容和传输线来说,主要手段是将器件制造在介质薄膜上。采用 RF MEMS 器件技术可以制造高 Q 值谐振器,其优势在于可以实现单片集成。RF MEMS 器件的集成,一种是和微电子电路集成,形成功能完备的子系统单元,如微波开关和升压电路,微波功放等可集成在一起作为手机的接收模块;另一种是各种 RF MEMS 器件和微波传输线集成所形成的基本功能单元。

数字移相器在军用相控阵雷达上应用时 MEMS 数字移相器的工作频段可以从几 GHz 直到数百 GHz,主要集中在 X 波段和 Ku 波段。RF MEMS 滤波器采用高 Q 值的 MEMS

电容、电感实现的单片滤波器，由于电容、电感的自振频率和 Q 值的提高，插入损耗和工作带宽有较大改善。采用 MEMS 电调可变电容，还能实现电调滤波器。RF MEMS 压控振荡器采用 MEMS 电调可变电容可以实现压控振荡器（voltage-controlled oscillator，VCO），由于 MEMS 电容、电感可以实现较高的 Q 值，因此相应的 VCO 的相位噪声较低。变波束天线是将微波在传输线和空间之间转换的设备。采用 RF-MEMS 开关改变天线的频率和波束特性，可使 MEMS 技术直接在天线中得到应用。目前取得的成果主要体现在两个方面：① 获得简化结构的相控阵天线；② 获得可变频率、波束特性的天线，用一个天线体现多个天线的功能。

1.4.3 生物 MEMS 的应用

生物 MEMS 是指 MEMS 技术在生物学领域中应用的微制造技术。由于采用了微机械制造技术，Bio MEMS 具有微米量级的特征尺寸，可以实现器件和系统的微型化，使生物医学的诊断和治疗可以快速、自动化、高通量、较小损伤地完成。Bio MEMS 主要包括在生物体外进行生物医学诊断的微系统和在生物体内进行生物医学治疗的微系统。生物体外 Bio MEMS 研究是在生物体外进行生物医学诊断和治疗的微系统，研究主要包括生物芯片、生物传感器及相关微流体系统，是一个较广的研究领域，其中最具代表性的是生物芯片技术。

微型生物芯片是利用微细加工工艺，在厘米见方的硅片或玻璃等材料上集成样品预处理器、微反应器、微分离管道、微检测器等微型生物化学功能器件、电子器件和微流量器件的微型生物化学分析系统。与传统的分析仪器相比，微型生物化学分析系统除了体积小以外，还具有分析时间短、样品消耗少、能耗低、效率高等优点，可广泛用于临床、环境监测、工业实时控制。

芯片上的生物化学分析系统还使分析的并行处理成为可能，即同时分析数十种甚至上百种的样品，这将大大缩短基因测序过程，因而将成为人类基因组计划中重要的分析手段。生物体内微系统是指在生物体内进行生物医学诊断和治疗的微系统，研究内容主要包括植入治疗微系统、微型给药系统、精密外科工具、植入微器件、微型人工器官、微型成像器件等。这些微系统中融入了关键的 MEMS 技术，如微传感器、微驱动器、微泵、微阀、微针等，是一个极具挑战性的研究方向。利用 MEMS 制作的智能型外科器械可以减少手术风险和时间，缩短病人康复时间，降低治疗的费用。

Verimetra 公司正在利用 MEMS 把现有手术器械转变成智能型手术器械，可用于多种场合，包括小手术、肿瘤、神经、牙科和胎儿心脏手术等。药物注入是生物医学 MEMS 另一个可能有巨幅增长潜力的领域，Microchipd 公司正在开发的一种药物注入系统利用了硅片或聚合物微芯片，其上带有成千上万个微型储液囊，里面充满药物、试剂及其他药品。这些微芯片能够向人体注入药物，使止痛剂、荷尔蒙以及类固醇之类的注入方式发生革命性的变化。类似这样的生物医学新进展还将催生出新型器械，如便携式掌上型透析机等。将来人们可以在身上配备测量人体功能的 MEMS 传感器和驱动器，保证个人处于最佳健康状态，帮助保持积极生活方式,并提供自动的预防保健。Bio MEMS 器件及系统现已成为 MEMS 技术应用市场中发展最快的领域,特别是在药物的发现和筛选、疾病诊断、生物信息遥测和基因检测分析等方面,Bio MEMS 技术的批量生产能力更极大地降低了生物医学诊断和治疗的成本。

医学工业对于更小、更便宜的装置和测量装置的需求将保持增长的势头,这将建立一个更大的 MEMS 市场,MEMS 产品在未来的医学市场将担任一个重要的角色。

1.4.4 光学 MEMS 的应用

在 MEMS 上再加上一个光信号,就是微光机电系统或者 MOEMS,中文含义是微光学电子机械系统。MOEMS 是一个光、机、电一体化的集成系统,复杂程度又提高了一级,MOEMS 可以对光束进行发送、接收和精确控制光束。信息技术、光纤通信技术的发展,使 MOEMS 成为当前研究的热点,其应用遍及光通信、数据存储、自适应光学及光学传感等多个方面。利用 MEMS 技术制作的微型光器件具有插入损耗小,光路间相互串扰极低,对光的波长和偏振不敏感等特点,并且通常采用硅为主要材料,因此器件的光学、机械、电气性能优良。MOEMS 能把各种 MEMS 结构与微光学器件、半导体激光器、光波导器件、光电检测器件等完整地集成在一起,正在成为一个重要的技术发展方向。

由于 MOEMS 具有重量轻、体积小、集成化、成本低等优点,因此它正在成为传统设备的更新换代产品,因而也具有广阔的应用市场。主要的应用方向包括光通信中的光开关、光衰减器、光滤波器、分光计和光栅、光显示、数据存储、自适应光学和光学传感中的加速度计、压力传感器等多个方面。MOEMS 光开关具有成本低、体积小、寿命长、易集成、批量加工等优点,而且传输光的信号与协议无关,可应用于全光通信网的光交换、通道备份和保护等系统中,可用于军事保密通信和激光武器系统中激光束控制单元。

1999 年初美国 Sandia 国家实验室研制成功的一种微保险系统,被称为"微守护者",它是一种新型弹道子系统,用于核弹的安全引爆,可以大大改进核武器的保险系统。这个 MOEMS 是 Sandia 正在发展的先进光驱动微点火系统的一部分,其设计思想是光通过光纤进入一封闭空腔并在里面反射,此时不驱动武器,只有检测到特定的飞行加速度环境信息时(系统飞到目的地时),密封室内活动反射镜才把光能量反射到光电池(光电池提供启动微点火组件工作所需要的能量),只有在武器进入正确的解除保护环境后才能发生爆炸。数字微镜元件(digital mirror device,DMD)是由美国 Tl 公司开发的一种用于数字显示的光 MEMS 芯片。在静电力驱动下,可动驱动结构通过扭臂使反射镜面旋转。每个微反射镜都能将光线从两个方向反射出去。只要结合 DMD 以及适当光源和投影光学系统,反射镜就会把入射光反射进入或是离开投影镜头的透光孔。

MEMS 微型 F-P 滤波器同半导体激光器集成,特别是同垂直腔面发射激光器集成,可以为波分复用技术提供多波长、可调谐发射光源。

1.5 MEMS 的发展前景

MEMS 自 20 世纪 80 年代中期发展至今一直受到世界各发达国家的广泛重视,被认为是一项面向 21 世纪可以广泛应用的新兴技术。MEMS 具有成本低、体积小、质量轻、功耗低、性能稳定、谐振频率高、响应时间短的优点。而且 MEMS 的综合集成度高,附加值高,具有多种能量转化、传输等功能,包括力、热能、声能、磁、化学能、生物能等。所以在工业领域有着很好的应用前景,并且有向多样化发展的趋势。

近年来,北京大学、清华大学、复旦大学、哈尔滨工业大学、上海交通大学、西安交通大学、航天工业总公司等许多单位都在开展这方面的工作。

由于纳米器件比半导体器件工作速度快得多,可以大大提高武器控制系统的信息传输、存储和处理能力,可以制造出全新原理的智能化微型导航系统,使制导武器的隐蔽性、机动性和生存能力发生质的变化。利用纳米技术制造的形如蚊子的微型导弹可以起到神奇的战斗效能。纳米导弹直接受电波遥控,可以神不知鬼不觉地潜入目标内部,其威力足以炸毁敌方火炮、坦克、飞机、指挥部和弹药库。"苍蝇"飞机是一种如苍蝇般大小的袖珍飞行器,可携带各种探测设备,具有信息处理、导航、信号接收和通信能力,其主要功能是秘密部署到敌方信息系统和武器系统的内部或附近监视敌方情况,这些纳米飞机可以悬停、飞行,敌方雷达难以发现它们。"蚂蚁士兵"是一种通过声波控制的微型机器人。这些机器人比蚂蚁还要小但具有惊人的破坏力,它们可以通过各种途径钻进敌方武器装备中长期潜伏下来。一旦启用,这些"蚂蚁士兵"就会各显神通:有的专门破坏敌方电子设备,使其短路、毁坏;有的充当爆破手,用特种炸药引爆目标;有的施放各种化学制剂,使敌方金属变脆、油料凝结或使敌方人员神经麻痹、失去战斗力。

尽管许多新的技术很有希望,但是能够对生物恐怖提供早期报警的产品至少还有几年时间才能上市。纳传感器和生物芯片一样要求将目标分子从环境中提出来并与传感器直接接触。纳传感器使得小型的便携手持传感系统成为可能。现在许多大学、实验室和工业界都在寻求开发出一种快速准确识别出有毒材料的便携装置,其价值远远超出了保护人类免受生物恐怖袭击的程度。此外,还有被人称为"间谍草"或"沙粒坐探"的形形色色的微型战场传感器等纳米武器装备。所有这些纳米武器组合起来就建成一支独具一格的"微型军"。据美国国防部专家透露,美国第一批微型军将于近期服役,2010 年内可大规模应用。纳米武器的出现和使用将大大改变人们对战争力量对比的看法,使人们重新认识军事领域数量与质量的关系,产生全新的战争理念,使武器装备的研制与生产更加脱离传统的数量规模限制,进一步向智能化的方向发展,从而彻底变革未来战争的面貌。纳米技术在加剧武器装备微型化的进程中,也将推动军队的体制编制发生革命性变革,孕育和产生新的兵种。由多种不同功能的纳米武器组成的"微型军团"作为一种全新的作战力量将出现在未来的战场上。

无线网络通信的出现作为 MEMS 技术向信息技术引进的一种重要的推动力。技术的推动力主要包括新材料的研制,如磁性材料在 MEMS 系统中的运用。生物技术的驱动主要有细胞处理和微生物组织。MEMS 技术在卫生保健领域应用的推动力是对高生活质量的强烈要求。MEMS 技术在极端环境下和在生物医学里的运用将是 MEMS 技术封装的技术驱动。此外,其他技术驱动还涉及不同长度等级的系统之间的相互关系、对低功耗操作的要求和在计算能力上的巨大提高。

汽车工业是 MEMS 技术的主要应用领域之一。传感器、控制器和导航器构成了现代化汽车的重要部分。现代化的汽车系统主要包括车架系统、动力系统、操控系统和通信系统。汽车系统都要求性能高、价格低的 MEMS 技术来支撑。MEMS 技术还可用于航天器系统中的温度控制和电气系统的微型化,航天器系统的微型化,航天发射保障系统的参数测量,发射环境保障系统探测环境污染,航天器姿态测量、控制和导航系统也需要先进的 MEMS 技术,以及微工程、微流体力学、微加工技术与微结构力学等方面。

MEMS 技术潜在的巨大效益将渗透到科技发展的各个领域,从宏观到微观,从医药技术到生命科学,从制造业到信息通信等。在生物领域中,许多酶可以充当分子电机,利用这一技术,可以生产有机或无机相结合的 MEMS 器件。在信息领域中,当前的信息技术是基于微电子器件和微电路的,在未来 10 年中,这些技术的发展会达到其物理极限。而 MEMS 会成为下一代信息技术的主要载体。通过 MEMS 系统可以开展一些单分子检测、分析及应用方面的研究,这也是 MEMS 系统所独有的能力。MEMS 的潜在应用毫无疑问,即使在研究初期似乎也可十分清楚地预测到 MEMS 最终将在许多领域中得到广泛应用。

习　　题

1. 什么是 MEMS?
2. 简述微机械的工作原理。
3. MEMS 的制造技术有哪些?
4. 简述 MEMS 的发展前景。

参 考 文 献

[1] 李德胜. MEMS 技术及其应用. 哈尔滨:哈尔滨工业大学出版社,2002.
[2] 黄庆安. 硅微机械加工技术. 北京:科学出版社,1996.
[3] Petersen K E. Silicon as a Mechanical Material. Proc. IEEE,1982,70. 420~457.
[4] 苑伟政. 微机械与微细加工技术. 西安:西北工业大学出版社,2000.
[5] [美]沃森 J L. 薄膜加工工艺. 刘光治,译. 北京:机械工业出版社,1987.
[6] 田文超. 微机电系统(MEMS)原理、设计和分析. 西安:西安电子科技大学出版社,2009.
[7] 丁衡高. 微机电系统的科学研究和发展. 清华大学学报,1997,37(9):1~5.
[8] Khuri-Yakub B T, Smits J G. Reactive magnetron sputtering of ZnO. J. Appl. Phys. Appl. 1981, 52 (7).
[9] Motamedi M E, Staples E J, Wise J. Characterization of ZnO/Si SAW transducers and resonators u-

sing complex return loss measurements. Pro. Sonics and Ultrasonic Symp,1981.

[10] Sayer M. Proc. IEEE Symp. On application of ferroelectrics. Bethlehem, PA, June 8-11, 1986: 560~568.

[11] Sankur H, Motamedi M E. Properties of ZnO deposited by laser assisted evaporation, Proc. Sonics and Ultrasonics Symp. , 1983: 316.

[12] Sreenivas M, et al. Surface acoustic wave propagation on PZT thin film, Appl. Phys. Lett. , 1988, 52: 709.

[13] Yi G, et al. Ultrasonic experiments with PZT thin films fabricated bu sol-gel processing, Electron. Lett. 1989, 25.

[14] Takayama R, et al. Preparation and characteristics of pyroelectric infrared sensor made of c-axis oriented La-modified $PbYiO_3$ thin films, Appl. Phys. ,1987,61: 411.

[15] Adachi H, et al. Ferroelectric (Pb, La)(Zr, Ti) O_3 epitaxial thin filmas on sapphire grown by RF-planar magnetron sputtering, J. Appl. Phys. ,1986,60: 736.

[16] Ogawa T, Senda S, Kasanami T. Preparation of ferroelectric thin films by RF sputtering, Jpn. J. Appl. Phys. , 1989, 28: 11~14.

[17] Odada M, et al. Preparation of c-axis printed $PbTiO_3$ thin film by MOCVD under reduced pressure. Jpn. J. Appl. Phys. , 1989, 28: 1030.

[18] Roy D, Krupanidhi S B, Dougherty J. Excimer laser ablated lead zirconate titanante thin films, J. Appl. Phys. , 1991,69: 1.

[19] Yi, G, Wu Z, Sayer M. Preparation of PZT thin film by sol-gel processing: clectrical, optical, and electro-optic properties, I. Appl. Phys. , 1989, 64 (5).

[20] Chen P, et al. Integrated silicon microbeam PI-FET accelerometer, IEEE Trans. Electron. Devices. , 1982, ED-29 (1).

第二章 机械微传感器的应用

2.1 位移微传感器

2.1.1 基本概念

我们将测量位移量和检测物体位置的传感器成为位移微传感器。测量两物体空间相对距离的传感器也被视为位移微传感器。

位移传感器可分为接触式和非接触式两大类。接触式位移传感器将传导杆与被测体固定在一起，再将传导杆的位置信号转换成电信号。传统的接触式位移传感器有电阻式、电感式、电容式、电磁式和光学式几种。

不需要传导杆而直接检测目标物位移的传感器成为非接触式位移传感器。非接触式位移传感器通常利用电感、电容或电磁技术、激光、远红外、微波或超声波技术进行测距。

在需要建立和维护位置偏置与容差的工程应用中，位移传感器的使用十分广泛。根据要求的不同，测量位移的范围也相差很大，从需要用长波长微波器件测量公里级的位移，到短波长微波器件测量米级的位移，到常用的各种位移传感器测量的毫米级位移，以及用激光干涉法测量微米级位移，直到用 X 射线衍射（x-ray diffraction，XRD）干涉法测量亚纳米级位移。

在日常生活中经常用到位移微传感器，例如在交通信号灯和机器人上的监测器；精确控制驱动器和驱动系统中用来测量驱动器或驱动杆位置的光学编码器。它们在构建信息化社会中起到了巨大的作用。

2.1.2 电容和电感式位移微传感器

电容和电感式距离传感器能够检测位移幅度在 0.1~10 mm 范围内的物体，物体的运动导致输出电容或电感产生变化。电容式微传感器一般是测量与位移相关的量而非直接测量物体位移，例如通过加速度、压力/应力、力/力矩来获得位移，通常通过测量悬臂梁、膜和其他微型挠性结构的电容变化来测量上述间接物理量。

2.1.3 光学位移微传感器

光学位移微传感器一般采用光束散射、光路反射和光路截断等方式检测物体位移。

图 2-1 为利用光束散射的光开关示意图。一个距离目标物 1~5 mm 远处有一发出红外辐射的光电二极管照射到该物体上，一个光转换器收集这些散射光。

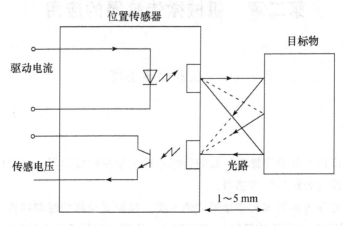

图 2-1 固态散射型光位置传感器

比测量物体是否存在更加困难的是测量物体的位置，利用光电换能器采集并产生非线性信号输出是最基本的反射式方法。物体反射面的平整度决定了信号的输出质量，但这种方法不很精确。

除此之外，光电微传感器还能够测量一个表面的偏转和角度。例如，一半环形的腔室中装有某种溶液，液体中有一个气泡随物体表面的倾斜而移动，由二极管中发出的光被其反射并将阴影投射到 4 个光电检测器上，物体偏转的角度可由这 4 个光电监测器的输出信号的不同计算得出。

2.1.4 超声波位移微传感器

与其他类型的微传感器相比，超声波位移微传感器具有以下优点：(1) 利用高频声波，对较脏的测试环境不敏感；(2) 非接触式，可以检测导体、绝缘体、铁电体和非铁电体；(3) 测量范围可扩至 5 m。图 2-2 为超声波位置传感器探头的结构示意图。其中 PZT 为压电元件，它发出测试声波也收集回声波。检测相对距离和液面高度通常用超声波传感器。

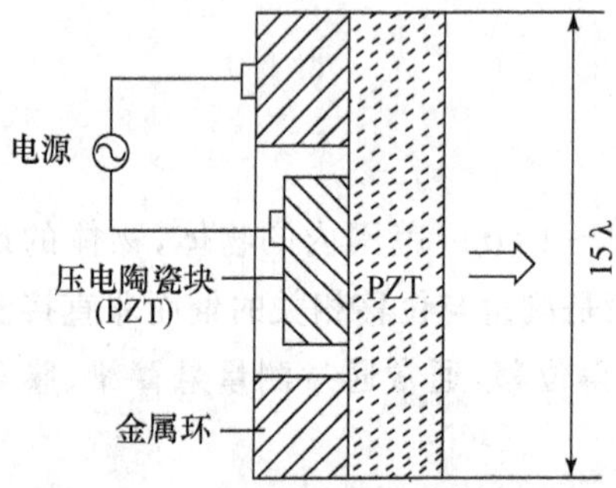

图 2-2 超声波位置传感器探头

2.2 速度和流速微传感器

2.2.1 基本概念

速度 v 是描述物体运动快慢的矢量,它表示位移和发生位移所用时间的比值。实际应用中我们也可以从对物体位移 $s(t)$ 的导数 $ds(t)/dt$ 和对物体加速度 $a(t)$ 的积分 $\int a(t)dt$ 求得。

如果为旋转系统,则角速度 ω 为 $d\theta(t)/dt$,其中 $\theta(t)$ 为旋转角度。

同理,我们用流速来描述液体的运动。流速是指气体在单位时间内所通过的距离。

定义 Q_m 和 Q_v 分别为通过空间某一点的质量流速和体积流速为:

$$Q_m = \frac{dm(t)}{dt} \tag{2-1}$$

$$Q_v = \frac{dV(t)}{dt} \tag{2-2}$$

由于质量流速和体积流速均与液体的运动速度有关,则液体的质量流速 Q_m 与其体积 V 的关系为:

$$Q_m = \frac{dm(t)}{dt} = \frac{d(\rho_m V(t))}{dt} = \rho_m \frac{dV(t)}{dt} + V(t)\frac{d\rho_m}{dt} \tag{2-3}$$

式中:ρ_m 为液体的密度。上式中对于不可压缩的液体,由于第二项中液体密度与时间无关,即 $d\rho_m/dt=0$,上式可化简为:

$$Q_m = \rho_m \frac{dV(t)}{dt} = \rho_m Q_v = \rho_m A V \tag{2-4}$$

式中:A 为流体的横截面积。

于是得出了流体的速度 v 与其质量流速和体积流速的关系。

下面将为大家介绍用微纳机械技术制造的几类流速和流量微传感器。

2.2.2 热电式流速微传感器

Thomas C C 于 1911 年设计出来世界上第一个热流计。如图 2-3(a)所示,一个加热器浸没在流体中,将热量传入流体中,再由热电偶来检测加热前后的流体

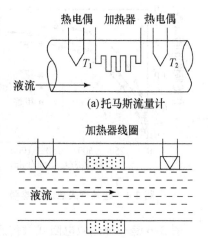

(a)托马斯流量计

(b)边界层流量计

图 2-3 热流量传感器

温度。

流体的质量流速如下：

$$Q_m = \frac{p_h}{c\Delta T} = \frac{p_h}{c(T_2 - T_1)} \tag{2-5}$$

式中：c 为流体的比热容，单位 J/kg·K；p_h 为耗散热功率，单位 V/K；T 为温度，单位 K。

但是这种将加热器浸在液体中心的设计存在缺陷。因为被测流体会受到加热丝的扰动，所以我们将加热器置于流体管外壁上进行测量，如图 2-3(b) 所示。在实际应用中要精确测量边界层两端的热传递系数比较复杂，所以由此系数确定温差与流速的关系也非常繁琐。

采用硅微机械工艺通过各向异性蚀刻形成带有薄膜电阻器的两个微桥臂，桥臂的两端各有一个薄膜电阻器，两桥臂之间有加热器，这种结构的特点是热容量低、响应快（热时间常数仅为 3 ms）。此外，其加热器所需的功率也很低（约 15℃/mW），通常情况下这种微传感器可以测量 30 m/s 的空气流速，但是不能测量紊流。其质量流速与传感器输出电压 U 如图 2-4 所示。

图 2-5 所示为上述微传感器加以改进的另一种悬臂梁式热流传感器。在悬臂梁末端设置有加热电阻并且用一层聚酰亚胺对其进行热绝缘。对气体温度差的测量是通过与 CMOS 控制电路相集成的两个热敏二极管实现的。这种微传感器的热响应时间为 50 ms，气体流速的测量范围为 0～30 ms。

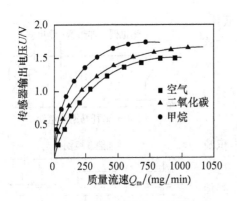

图 2-4 硅微桥式热流传感器

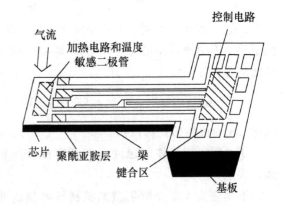

图 2-5 悬臂梁式热流传感器

图 2-6 是一种热敏电阻式微传感器的结构。用导热性能差的材料（如氮化硅等）制成薄膜片并在膜片上安装两个热敏电阻和加热电阻。当被测气体介质流经膜片上的热门电阻时，这两个电阻会被其加热或冷却，则由电阻测量到的温度差就是气体的流速。

图 2-7 为一种热电偶式流速微传感器,由 2 个热电堆和 4 个加热器组成,这种微传感器的制造工艺是双极型集成电路,工作在 12 K 的温差范围内,采用敏感度为 13 mV/K 的热电堆。当流速为 0～25 m/s 时,器件功耗几乎正比于流速的平方根。

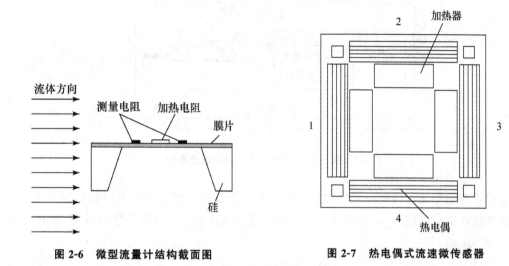

图 2-6 微型流量计结构截面图

图 2-7 热电偶式流速微传感器

图 2-8 为检测气体热导率的微传感器,它由热源、沉热槽温度探头构成,热源的材质是绝热材料膜片(如 Si_3N_4),沉热槽是由微机械工艺制成的微硅片。实际应用中既可恒定的加热电压或加热功率也可使膜片恒温。

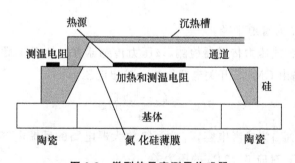

图 2-8 微型热导率测量传感器

2.2.3 电容式流量微传感器

电容式流量微传感器是由流体流动过程中所产生的压力差导致电容传感器极板之间的间距变化来检测流体的流量。图 2-9 是电容式流量微传感器的原理图。传感器壳体的基底和膜片上各有一个金属电极板,两电极之间形成一个电容器。流入的流体在入口和出口就会产生压力差,膜片电极相对固定电极的位置因此而改变,即电容器的电容被改变,从而测得流体的流量。

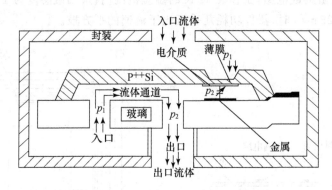

图 2-9　基于压力差作用的电容式微流量计

这种微传感器是用硅微加工和硼蚀刻阻挡技术制造的。气流进入入口管时压力为 p_1，通过硅气流管道后以压力 p_2 流出出口。气体的质量流速 Q_m 可由流体导纳 G_f 两端的压力差 (p_1-p_2) 求得：

$$Q_m = G_f(p_1 - p_2) \tag{2-6}$$

流体导纳 G_f 取决于管道的尺寸和气体的黏度系数 η_m。由于导纳为常数，则导纳可由 Poisenille 公式得出：

$$G_f = \frac{\pi d^2}{\delta \eta_m l} \tag{2-7}$$

式中：l 为管道长度，d 为管道半径。

压力差用一个电容式压力传感器检测，该压力传感器有一个 P^{++} 硼掺杂的硅膜偏移板组成，电容的测量电路由 CMOS 开关电容组成。输出电压为：

$$U_{out} = \frac{C_s - C_{ref}}{C_f} U_{ref} \tag{2-8}$$

式中：C_s 为敏感电容，C_{ref} 为参考电容，C_f 为运算放大器电路的反馈电容，U_{ref} 为参考电压的幅值。其分辨率为 1fF 对应 0.13Pa 的压力差。

但是电容式微传感器也有一些缺点，例如对温度变化敏感和具有漏电流。采用热敏二极管和场效应晶体管可解决此类问题。

2.2.4　压阻式流量微传感器

对于流量的测量也可利用半导体材料的压阻效应。流体在流动过程中会产生黏滞力或者流体在经过通道进出口之间时会产生压力差。这种传感器的原理是利用黏滞力或压力差使传感器中敏感元件产生运动或变形，进而引起其上面的压敏电阻的阻值产生变化，最后通过测量阻值的变化求出待测流体的流量和速度。

图 2-10 为一种利用流体黏滞力测量流量的微传感器。图中的悬臂梁构件配置有压敏电阻。当流体流入时,因为有流体流经通道而产生黏滞力悬臂梁会因此而运动,压敏电阻就会受到压缩或拉伸,从而使阻值变化。

由于障碍物的存在,流体在流动过程中在平行于流动的方向上会受到黏滞作用产生黏滞力。其大小为:

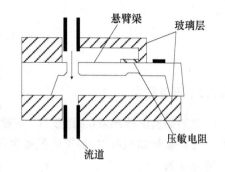

图 2-10 基于黏滞力的微型流量微传感器

$$F_v = K_1 lv\eta \tag{2-9}$$

式中:l 为障碍物的长度,v 为流速,η 为流体的黏滞力,K_1 为比例系数,与障碍物的大小和形状有关。

黏滞力 F_v 使悬臂梁产生形变,它所产生的表面应力为:

$$\sigma = \frac{6F_v l_b}{bh^2} \tag{2-10}$$

式中:b 为悬梁臂的根部宽度,h 为梁的根部厚度,l_b 为梁的长度。

这就导致悬臂梁的压敏电阻阻值的相对变化为:

$$\frac{\Delta R}{R} = K_2 \sigma = K_2 \frac{6K_1 lv\eta l_b}{bh^2} = Kv \tag{2-11}$$

式中:K_2 为比例系数。从上式中我们看出,流速正比于电阻变化率。所以,电阻的变化率可以测量流体的速度。

2.2.5 共振桥式流量微传感器

共振桥式流量微传感器利用桥式结构振动谐振频率的变化来测量流量。这种微传感器具有灵敏度高、响应快、重复性好的优点。基于测量谐振桥频移的流量微传感器,其中的微型桥式应力补偿型桥是通过对一个槽做前端各项异性蚀刻制成的,尺寸为 600 μm×200 μm×2.1 μm。

在微桥中嵌有磷掺杂的多晶硅电阻器,其作用是对微桥产生热振动和压阻响应。要驱动该微桥,需要将温度升至 20℃,85 kHz 的振动频率上。当流速为 0～10 mL·min^{-1} 范围内时,频率漂移为 800 Hz。与其他类型的流量微传感器相比,这种共振式微传感器的灵敏度更高了且稳定性好响应快。但是它在振动过程中要消耗的功率也较大。在实际应用中测量流体式,微桥要保持清洁。不能有微颗粒黏附在微桥上,否则会影响测量的精度,这是共振桥式流量微传感器的一个缺点。

2.3 微型加速度计

2.3.1 基本概念

微型加速度传感器(加速度计)一般用于测量加速度,振动和由脉冲载荷引起的机械冲击。由运动学知识可知,加速度是速度的一阶导数,是位移的二阶导数。对平移系统来说,加速度 a 为:

$$a = \frac{\mathrm{d}v}{\mathrm{d}t} = \frac{\mathrm{d}^2 x}{\mathrm{d}t^2} = x'' \tag{2-12}$$

对于转动系统来说:

$$\alpha_\theta = \frac{\mathrm{d}\omega}{\mathrm{d}t} = \frac{\mathrm{d}^2 \theta}{\mathrm{d}t^2} = \theta'' \tag{2-13}$$

虽然可以通过位移传感器或加速度传感器算出物体的加速度,但通常情况下我们采用一种质量-弹簧-阻尼系统方法实现。图 2-11 为该系统的基本结构。

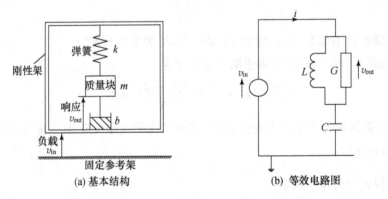

(a) 基本结构　　(b) 等效电路图

图 2-11　加速度计的结构及等效电路

在这个系统中,加载力 $-mx''_{\text{in}}$ 的作用是驱动其中二阶阻尼谐波振荡器,有:

$$mx''_{\text{out}} + bx'_{\text{out}} + kx_{\text{out}} = -mx''_{\text{in}} \tag{2-14}$$

式中:x_{in} 为输入加速度;m 为惯性质量块的质量;b 为阻尼系数;k 为弹簧系数;x_{out} 为惯性质量块相对于刚性框架的位移。

在恒定条件下,位移 x_{out} 和输入加速度 x''_{in} 成正比,即

$$x_{\text{out}} = \frac{m}{k} x''_{\text{in}} \tag{2-15}$$

系统时间会在 $t=b/m$ 之后达到稳态,所以为尽快达到稳态,就需要就质量尽量大、阻尼尽量小。此外,弹簧系数 k 越小,系统响应灵敏度越高。在加速度经常改变的情况下,耗能器有十分重要的作用。图 2-11(b)为该机械系统的等效电路图。v_{in} 和 v_{out} 等效于速度载荷和响

应。因此,速度传输函数为:

$$\frac{v_\text{out}}{v_\text{in}} = \frac{Z_\text{LG}}{X_\text{C} + Z_\text{LG}} \tag{2-16}$$

式中:Z_LG 为并联电阻电感的阻抗;X_C 为容抗。由于求解上式比较复杂,通常采用图解法求解。图 2-12 表示,加速度响应在不同本征频率 ω_0 下与阻尼因子 ξ 的关系,其中横轴表示频率,纵轴表示系统的增益幅值。不同的抛物线表示不同的阻尼因子 ξ。

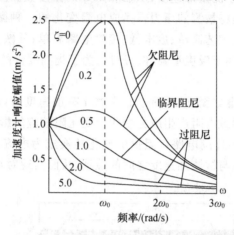

图 2-12 具有二阶有阻尼系统模型的加速度计的响应曲线

在机械系统和电路系统中,谐振频率和阻尼因子 ξ 的表达式为:

$$\begin{cases} \omega_0 = \sqrt{\frac{k}{m}} = \sqrt{\frac{L}{C}} & (2-17) \\ \xi = \frac{b}{2\sqrt{km}} = \frac{G}{2\sqrt{LG}} & (2-18) \end{cases}$$

式中:G 表示电导。选用弹簧系数小和质量大的系统时,谐振频率低,这时质量块几乎处于静止状态。位移 x_out 滞后于位移 x_in 的弧度是 π:

$$x_\text{out} \approx - x_\text{in} \tag{2-19}$$

相反,如果弹簧系数大、质量小时,谐振频率高。这时惯性质量的运动随加速度计的框架运动,有:

$$x_\text{out} \approx 0 \tag{2-20}$$

此时可以测量边框相对于固定参考框架的位移。

一般情况下,我们要把加速度计惯性质量或者弹簧的线性位移通过各种转换机制转换为电信号。在硅微加速度计中常见的类别有,压阻式微加速度传感器、压电式微加速度传感器、电容式微加速度传感器、谐振式微加速度传感器、热对流式微加速度传感器和隧道式微加速度传感器。与常规加速度相比,微硅加速度计具有制造成本低、响应时间短、惯性质量好、动态范围广、可靠性高和鲁棒性好等优点。但是,由于目前的制造工艺尺寸不能精确控制,所以微硅加速度计的精度相对较低。

通常情况下硅微传感器的弹性系数和阻尼系数是非线性的,所以为获得良好的线性系统,要对微机械结构的几何尺寸进行精密的设计来消除非线性。

2.3.2 压阻式微加速度计

硅的压阻效应广泛用于测量加速度、压强和力等机械参数。压阻式加速度传感器是最常见的加速度计之一,它是将被测的压力转换成电阻变化的一种微传感器。它的优点是动态响应特性及输出线性好、工艺简单、成本低、接口电路简单;其缺点是受温度影响较大,这是由于所使用的压敏电阻属于温度型器件。所以,为了提高器件的灵敏度,一般将压敏电阻设计成惠斯通电桥结构。

压阻式加速度微传感器如图 2-13 所示。当物体有加速度时,质量块产生位移,使支撑梁产生扭曲或弯曲形变,导致电阻产生应力变化。受压阻效应的影响,半导体压敏电阻的阻值产生变化,我们可以利用外围电路将阻值的变化转换成为电流、电压等容易测得的电信号,通过定标建立输出信号与被测加速度之间的关系,从而实现对加速度值的测量。

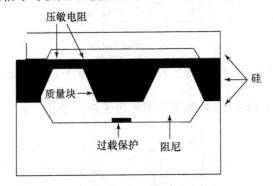

图 2-13 压阻式加速度传感器

压阻式加速度计的工作原理是基于牛顿第二定律,即质量块在加速度作用下会产生一个惯性力。如果利用敏感结构将这个惯性力转换为一个相应的形变,再利用压阻应变计将这一形变检测出来,就可以实现对加速度值的检测。

牛顿第二定律为:

$$F = ma \tag{2-21}$$

敏感结构形变时的挠度为:

$$\delta = \frac{F}{K} \tag{2-22}$$

式中:K 是承受惯性力的敏感结构的刚度。

挠度与应变之间的关系为:

$$\varepsilon = \frac{\delta}{l} \tag{2-23}$$

式中：l 是敏感结构中转换支点到载荷之间的长度。

将式(2-21)和式(2-22)代入式(2-23)，有：

$$\varepsilon = \frac{ma}{kl} \tag{2-24}$$

令 $B=m/kl$。将 B 定义为惯性敏感转换系统的结构灵敏度因子。对于不同的结构，B 的取值也会不同，但当加速度计的结构一定时，B 为常数，即：

$$\varepsilon = Ba \tag{2-25}$$

当在敏感结构上放置相应的压阻应变计后，检测电桥的输出 ΔU 与应变之间的关系式为：

$$\Delta U = GV\varepsilon \tag{2-26}$$

式中：G 是压阻应变计的灵敏系数，U 是应变电桥上的电压。

将式(2-25)代入式(2-26)，有：

$$\Delta U = GUBa \tag{2-27}$$

再令 $S=GBU$，有：

$$\Delta U = Sa \tag{2-28}$$

当传感器设计完成后，S 即为定值，其检测桥的输出 ΔU 与被测线加速度直接形成对应关系。

综上所述，欲得到良好的检测结果，应该从式(2-28)中 S 入手。S 项中主要包含 3 部分内容：一是有关压阻应变计灵敏度的问题；二是关于惯性敏感结构灵敏度的问题；三是有关供桥电压的问题。所以，加速度计的静态特性主要是以上三个方面。

悬臂梁结构比较适合于小量程传感器。悬臂梁需要尽量薄来获得高灵敏度。这种微传感器由两道结构的中间芯片，在梁的部位作淡硼扩散形成应变电阻和 4 个应变电阻构成的惠斯通电桥组成。当有加速度作用时，在惯性力的作用下，质量块相对于基片运动，使弹性梁发生变形。由于压阻效应，各应变电阻的电阻率产生变化，电桥失去平衡，输出电压变化，则可由此变化测量加速度大小。

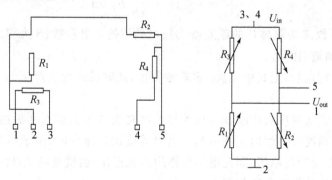

图 2-14 悬臂梁上的电阻

图 2-14 为悬臂梁上应变电阻和电桥的输入端,输入电压为 U_{in},输出电压为 U_{out}。因为悬臂梁的挠曲正比于质量块上的加速度,所以输出的信号为线性,上下盖板上的过载保护限定了传感器的量程,间隙中的空气压膜阻尼决定了传感器的动态特性。

2.3.3 压电式微加速度传感器

压电式微加速度传感器是一种利用压电效应将机械能转换为电能的转换器,它被广泛应用在振动、冲击的测量。压电式传感器常和电压或电流放大器一起组成测量电路,它在电子器件检验机构的振动台及其鉴定中起着十分重要的作用。压电式微加速度传感器的特点是它可以精确地检测宽范围的动态加速度,它不仅能够测量瞬态冲击过程,还能够测量正弦振动和随机振动。所以,这种微加速度计不宜测量如惯性制导、地球引力或发动机加速度和制动等加速度缓慢变化的情况。由于压电微加速度传感器是固态器件,坚固耐用,故即使使用不当也不容易引起损坏。其内部设有调整部件,增加了微传感器的可靠性和可重复性,使其可以在恶劣的环境中测量。

压电式加速度微传感器是依靠石英或陶瓷晶体的压电效应产生与器件所承受的加速度成正比例的电信号输出为工作原理的一类微传感器。压电效应使晶体上产生对抗的电荷粒子积累,这些电荷和所承受的作用力或应力成比例。这个加在石英晶体位移上的力改变了正负离子的顺序,致使这些充电离子在晶体对立面积累,这些电荷积聚在最终由晶体管微电子工艺处理的电极上。

当石英晶片或压电陶瓷片等压电材料受到机械载荷时,就会在某些表面上产生电荷,其电荷量与所受到的载荷成正比。晶体片两面携带了等量的电荷而极性相反,因为晶体片的绝缘电阻很高,所以压电晶片可等效成一个电容器,其电容量可表示为:

$$C_a = \frac{\varepsilon S}{\delta} \tag{2-29}$$

因而,晶体片上产生的电压量与作用力的关系为:

$$e_a = \frac{q}{C_a} = \frac{d_{11}\delta}{\varepsilon S}F = \frac{d_{11}\delta}{\varepsilon S}F_m \sin\omega t \tag{2-30}$$

式中:d_{11} 为压电系数;δ 为晶体片的厚度;ε 为压电晶体的介电常数;S 为构成极板的晶体片的面积;F 为沿晶轴施加的力。

一旦晶体片确定以后,上式中 d_{11}、δ、S 都是常数,此时晶体片上产生的电压与作用力成正比。

下面介绍压电式加速度微传感器将振动加速度转变成电量进行测振的原理。测量时,将试件与压电式加速度计刚性固定在一起。当对其施加加速度时,由于压电片具有压电效应,它的两个表面上会产生电压,而此电压与作用力成正比,也就是与试件的加速度成正比。压电式加速度传感器的等效电路如图 2-15 所示。

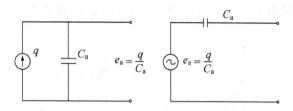

图 2-15　压电式加速度计的等效电路图

压电式加速度计的测量电路是电荷放大器,它是一种前置放大器,其输出电压正比于输入电荷。电荷转换级是电荷放大器的核心,它是一种特殊的运算放大器,如图 2-16 所示,其中 C_f 是电荷转换级的反馈电容,C_a 是传感器的等效电容。

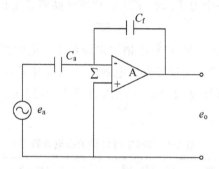

图 2-16　电荷转换级的等效原理图

由运算放大器的理论可知,开环增益和输入阻抗很高的放大器 A 的输出电压 e_0 与输入电动势 e_a 的关系式为:

$$e_0 = \frac{(j\omega C_f)^{-1}}{(j\omega C_a)^{-1}} e_a = \frac{C_a}{C_f} e_a$$

图 2-16 中 Σ 点的电势近似为零,也就是虚地点。所以电容器 C_a 极板上的电荷为 $q = e_a C_a$,即 $e_0 = q/C_f$,它说明电荷转换级的输出电压与输入电荷成正比。

二级 B 类电荷放大器的下限频率为 3 dB;上限频率 0.5 dB;准确度为 (20 ± 5)℃;输入等效噪声电荷 $\leqslant 0.1$ pC。

我们将加速度计的输出电量(电荷或电压)与输入量(加速度)的比值定义为压电式加速度的灵敏度。

微传感器的灵敏度可以用两种方法表示:当它与电压放大器配合使用时,用电压灵敏度 Su 表示;当它与电荷放大器配合使用时,用电荷灵敏度 Sq 表示。一般可表示为:

$$Su = \frac{e_a}{a} \quad 或 \quad Sq = \frac{q}{a} \tag{2-31}$$

式中:e_a 为加速度计的开路电压;q 为加速度计的输出电荷量;a 为被测加速度。

那么电荷放大器输出为 $e_0=(S_q/C_f)\cdot a=-q/C_f$。$C_f$ 值由电荷放大器归一化旋钮与衰减档来调节。

2.4 力、压强和应变微传感器

2.4.1 基本概念

力、压强和应变是材料的本质机械特性,适当情况下在微机械器件中用压电和压阻效应检测。

当一个压电片上受到一个力 F_q 时,则压电片的表面将感生出电荷:

$$q = \Xi F_q \tag{2-32}$$

式中:Ξ 是压电系数,单位是 C/N;材料晶格取向决定了 q 值的大小。

硅的晶格点阵为中心对称,所以没有压电效应。因此在硅微机械结构上还要沉积一层压电材料才可使其具有压电效应,如 $BaTiO_3$、ZnO 或 $PbZrTiO_3$。关于这些材料的压电系数列于表 2-1。

表 2-1 300 K 时材料的压电系数

材料	类型	形式	Ξ_{33} (pC/N)	相对介电常数 ε_r
石英	玻璃	体材料	2.33	4.0
PVDF	聚合物	薄膜	1.59	—
P(VDF-TrFE)	聚合物	薄膜	18.0	6.2
ZnO	陶瓷	体材料	11.7	9.0
ZnO	陶瓷	薄膜	12.4	10.3
$BaTiO_3$	陶瓷	体材料	190	4100
PZT	陶瓷	体材料	370	300~3000

压电效应中,材料的电子阻值受到它的机械应力而变化:

$$\frac{\Delta R_i}{R_i} = \prod_{ij} \sigma_{m_j} \tag{2-33}$$

式中:$\prod_{ij}$ 为材料矩阵的第 ij 项压阻系数。

由于硅材料的结构是中心对称的,所以只有 3 个非零的压阻系数:$\prod_{11}$、$\prod_{12}$ 和 $\prod_{44}$,一般通过对硅晶体材料的 n 型或 p 型掺杂制作压阻器,表 2-2 为 p 型或 n 型硅的压阻系数。

表 2-2 硅的压阻系数

掺杂	电阻率/(Ω·cm)	Π_{11}	Π_{12}	Π_{44}
n 型	+11.7	−102.2	+53.4	−13.6
p 型	+7.8	+6.6	−1.12	+138.1

用应变 ε_m 来表达压阻效应比应力更为方便。对于长度为 l 的一个薄膜材料,定义应变因子 K_{gf} 为:

$$K_{gf} = \frac{\Delta R/R}{\Delta l/l} = \frac{\Delta R/R}{\varepsilon_m} \tag{2-34}$$

式中:p 型硅在[111]方向上的应变因子 $K_{gf} = +173$,n 型硅在[100]方向上的应变因子 $K_{gf} = -153$。应变因子的大小与温度和掺杂浓度有关。

2.4.2 力微传感器

力微传感器能够将力的信号转变为弹性体的位移信号。例如可以通过电容法或应变法测量一个受到恒力的悬臂梁的位移。

这种传感器的结构在原子力显微镜中用来检测材料的表面轮廓。类似的针尖式微机械传感器的测试范围约为 1~500 mN,精度约为 ±1 mN。

2.4.3 应力敏感的电子器件

材料单位面积上所承受的力为机械应力,假如作用在材料表面上的是压强,应力作用产生的结果是在弹性范围内产生线性应变。

在硅受到应变时,它的价带会产生分裂而不再简并。表 2-3 说明了硅在各种方向上单轴应力作用下能带和带隙的变化。

表 2-3 应力对硅能带结构的影响

参 数	单轴应力方向下能级变化的百分率/(%)		
	<100>	<111>	<011>
带隙	−10.83	−10.91	−10.23
价带顶	+5.17/−1.73	+4.88/−3.45	+4.03/−2.58
导带底			
<100>	−5.66	+7.25/−6.03	+13.74/−6.20
<010>/<001>	+3.76	+7.25/−6.03	−0.95

能带结构的变化导致了载流子密度的变化,在掺杂的半导体材料中,带隙的漂移 ΔE_g 使少数载流子密度产生改变:

$$\frac{n_\sigma}{n_0} = \exp\left(\frac{\Delta E_g}{kT}\right) \quad (2\text{-}35)$$

$$\frac{p_\sigma}{p_0} = \exp\left(\frac{\Delta E_g}{kT}\right) \quad (2\text{-}36)$$

外加压强 p 近似与带隙的漂移 ΔE_g 成正比,即:

$$\Delta E_g = k_p p \quad (2\text{-}37)$$

式中:常量 k_p 的典型值为 10^{-10} eV/Pa,这需要很大的压强才能够产生一定的带隙变化(>1 GPa)。

由半导体基本理论可知,通过一个 p-n 结的正向电流与外加应力 σ_m(或压强)的关系为:

$$\frac{I_\sigma}{I_0} = \exp\frac{\Delta E_g}{eU_f} = \exp\left(\frac{k_p \sigma_m}{eU_f}\right) \quad (2\text{-}38)$$

式中:U_f 是正向电压,用电子伏特 eV 表示;I_0 是电流常数,与受力面积与总面积的比例有关。

图 2-17 为一个二极管电流在受力不同时与施加电压的关系,通过一个探针或压头对其施加应力,则电流-电压指数的曲线关系与受力面积和总面积之比有关。

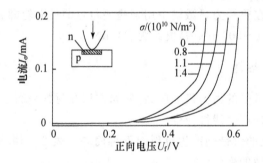

图 2-17 应力对 n-p 硅二极管特性的影响

2.4.4 硅微压强传感器

研究采用微加工技术制造的硅微压强传感器的进展十分迅猛。最简单的结构是在一个硅膜片上扩散生成压阻区来检测膜片的位移,如图 2-18(a)所示。制造压强传感器的理想材料是单晶硅,这是因为它没有响应滞后和蠕变的问题。在 n 型晶面取向为[100]的单晶硅膜片上扩散形成 2 个 p 型电阻区,它的压阻系数为:

$$\prod_{11} = -\prod_p = \frac{1}{2}\prod_{44} \quad (2\text{-}39)$$

式中:典型的 $\prod_{44}$ 值为 $+138.1$ pC/N。

在零压力下 $R_1 = R_2$ 的半桥式结构,它的输出信号为:

$$U_{out} = \frac{1}{2}\left[1 + \frac{1}{2}\prod_{44}(\sigma_{1y} - \sigma_{1x})U_{ref}\right] \tag{2-40}$$

式中：在压强 p 下产生的应力为 σ_{1x} 和 σ_{1y}。

灵敏度为：

$$S = \frac{1}{U_{ref}}\frac{\partial U_{out}}{\partial p} = \frac{1}{4}\prod_{44}\frac{\partial(\sigma_{1y} - \sigma_{1x})}{\partial p} \tag{2-41}$$

灵敏度和检测范围与膜片的几何尺寸有关。图 2-18(b) 是增益为 $1+\dfrac{R_3}{R_4}$ 的信号的检测电路。因为压阻系数与温度有关，所以需要补偿电路。

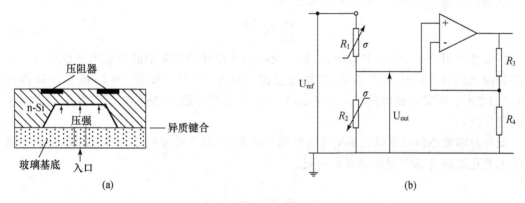

图 2-18　硅膜压力传感器示意图

硅压阻式微传感器因其性能好、价格低而得到广泛的应用，并有集成式器件面市，它在 0.8 MPa 状态下线性度为 ±20％。也可以用谐振方法获得更精准的测试结果。其原理是使一个谐振结构与膜片相连，当膜片受到压力时，谐振结构的本征频率产生漂移。

2.4.5　电阻式应变微传感器

电阻式应变微传感器的优点是价格低、结构简单，所以在力、扭矩、位移和压强的测量上受到广泛的应用。一个电阻条的阻值由其电阻率 ρ、长度 l 和截面积 A 决定，即公式：

$$R = \rho\frac{l}{A} \tag{2-42}$$

它的全微分公式为：

$$\frac{\Delta R}{R} = \frac{\Delta\rho}{\rho} + \frac{\Delta l}{l} - \frac{\Delta A}{A} \tag{2-43}$$

根据泊松比 ν_m，电阻条截面积的变化可转化为长度的变化，于是有：

$$\frac{\Delta R}{R} \approx \frac{\Delta\rho}{\rho} + (1+2\nu_m)\frac{\Delta l}{l} \tag{2-44}$$

这表明电阻条的阻值最终取决于长度的变化和材料自身的特性。

上述思想可以实现设计各种结构的金属铂电阻条。对于这些金属铂,只考虑电阻变化而忽略压阻效应,则应变规因子 K_{gt} 为:

$$K_{gt} = \frac{\Delta R/R}{\Delta l/l} = (1 + 2\nu_m) \qquad (2-45)$$

因为金属的泊松比一般为 $0.25 \sim 0.5$,所以其应变因子比较小。我们可以将铂电阻条贴在受应力材料表面,测量 $2\% \sim 4\%$ 范围内的应变,其典型阻值为 100Ω 左右。

为了获得更高的应变因子,可以采用厚膜印刷工艺来形成,但是在与 IC 工艺兼容方面,这些材料的效果不如金属的效果好。

压阻式应变规材料特性的变化占据主导:

$$\frac{\Delta R}{R} \approx \frac{\Delta \rho}{\rho} \qquad (2-46)$$

所以常采用对应变敏感的硅薄膜,如 p 型硅和 n 型硅的应变规的应变因子比较大。可以用作应变规材料的还有多晶硅,它的应变因子略小,介于金属箔(≈ 2)和 p 型硅器件(≈ 150)之间。同时多晶硅材料具有输出稳定,工作温度范围广的优点,所以在一些应用场合使用广泛。

此外对非常小的应变可以采用压电晶体来测量,也就是通过测量表面声波本征频率随应变的变化来测量 10^{-2} 量级的微小应变。

2.5 质量微传感器

2.5.1 基本概念

测量质量的仪器又称为重力计,这里所指的质量微传感器被称为微天平,它是用来测量其微小质量的。微天平主要有压电式和表面声波式。

2.5.2 压电式质量微传感器

压电晶体能够在本征频率下振动,也可以在二级谐振频率下振动。一个厚度为 d、质量为 m 的晶体,它的谐振剪切模式的波长为 $2d$,其谐振频率的变化因子与厚度和质量有关:

$$\frac{\Delta f_m}{f_m} = -\frac{\Delta d}{d} = -\frac{\Delta m}{m} \qquad (2-47)$$

假如外加沉积材料的密度均匀,那么其质量与声剪切速度 v_m 有关:

$$m_f \approx -\frac{\Delta f_m}{2 f_m^2} \rho_m v_m \quad \text{或} \quad \Delta f_m = -\Lambda_f m_f \qquad (2-48)$$

式中:Λ_f 是晶体的振动常数。

在理想情况下,外加材料的声阻抗应该和压电材料相匹配,表 2-4 为质量微传感器的各种材料的声阻。

表 2-4　质量微传感器中材料声阻抗

材　料	声阻抗/(10^6 kg·s/m²)	材　料	声阻抗/(10^6 kg·s/m²)
Pt	36.1	Ag	16.7
Cr	29.0	Si	12.4
Ni	26.7	In	10.5
Al_2O_3	24.6	SiO_2（石英）	8.27
Pd	24.6	Al	8.22
Au	23.2	C（石墨）	2.71
Cu	20.3		

2.5.3　表面声波谐振传感器

与压电晶体的剪切波在材料体内传播相反,表面声波谐振器件的声波在晶体近表面传播。传感部分独立于压电转换器和接收器是表面声波谐振微天平的优点,表面声波由 RF 振荡器 T 产生,接收器 R 检测其频率漂移,如图 2-19 所示。

图 2-19　SAWR 质量微传感器的简单结构示意图

习　题

1. 简述超声波位移微传感器的工作原理。
2. 什么是黏滞力？它在压阻式微流量传感器中的作用是什么？
3. 惯性敏感转换系统的结构灵敏度因子 B 对压阻式微加速度计的影响是什么？
4. 能带结构的变化与压强微传感器中外加压强 p 的关系是什么？

参　考　文　献

[1] Bowen D K. Calibration of liner transducers by X-ray Interferometry, in form instrumentation to Nanotechnology (eds. J. W. Gardner and H. T. hingle). Gordon and Breach Science Publishers, USA, 1991, Ch. 16, 319～331.
[2] Kato H, Kojima M, Okumura Y, et al. Photoelectric Inclination Sensors. Sensors and Actuators, 1990, 21-23：289～292.
[3] Canali C, et al. An ultrasonic proximity sensor operating in air. Sensors and Actuators, 1981, 2：97～103.

[4] Magori V, Walker H. Ultrasonic presence sensors with wide range and high resolution. IEEE Trans. on UFFC, 1987, 34: 202~211.

[5] Stemme G N. A monolithic gas flow sensor with polyimide as thermal insulatior. IEEE Trans. on Electron Devices, 1986, 33: 1470~1474.

[6] Oudheisen B W, Huijsing JH. An electronic wind meter based on a silicon flow sensor. Sensors and Actuators, 1990, 21-23: 420~424.

[7] Bouwstra S, Legtenberg R, Tilmans HAC, et al. Resonating microbridge mass flow sensor. Sensors and Actuators, 1990, 21-23: 332~335.

[8] 吴俊伟. 惯性技术基础. 哈尔滨: 哈尔滨工程大学出版社, 2002.

[9] 黄德鸣, 程禄. 惯性导航系统. 哈尔滨: 哈尔滨运动体工程学院出版社, 1988.

[10] 刘俊, 石云波, 李杰. 微惯性技术. 北京: 电子工业出版社, 2005.

[11] 董景新. 微惯性仪表——微机械加速度计. 北京: 清华大学出版社, 2002.

[12] 鲍敏杭, 吴宪平. 集成传感器. 北京: 国防工业出版社, 1987.

[13] Smith C S. Piezoelectric effect in germanium and silicon. Phys. Rev., 1954, 94, 42~49.

[14] Mason W P. Use of solid-state transducers in mechanics and acoustics. J. Aud. Engineering Soc., 1969, 17: 506~511.

[15] Brugger J, Buser R A, Rooij N F. Silicon cantilevers and tips for scanning force microscopy. Sensors and Actuators, 1992, 34: 193~200.

[16] Seidel H, Reidel H, Kolbeck R, et al. Capacitive silicon accelerometer with high symmetrical design. Sensors and Actuators, 1990, 21-23: 312~315.

[17] Longwell T F. An experimental semiconductor microphone. Automotive Elect. Tech. J., 1968, 11(3): 109~116.

[18] Ansermet S, Otter D, Craddock RW, et al. Cooperative development of piezoresistive pressure sensor with integrated signal conditioning for automotive and application. Sensors and Actuators, 1990, 21-23: 79~83.

[19] Esashi M, Komatsu H, Matsuo T. Biomedical pressure sensor using buried piezoresistors. Sensors and Actuators, 1983, 4: 537~544.

[20] Prudenziati M, Morten B, Taroni A. Characterization of thick-film resistor strain on enamel steel. Sensors and Actuators, 1981, 2: 17~27.

[21] Erskine J C. Polycrystalline silicon on metal strain gauge transducers. IEEE Trans, Electron Devices, 1983, 30: 796~801.

[22] Zwicker U T. Strain sensor with commercial SAWR. Sensors and Actuators, 1989, 17: 55~56.

[23] D'Amico A and Verona E. SAW sensor. Sensors and Actuators, 1989, 17: 55~66.

第三章 热微传感器的应用

3.1 热机械传感器

自动控温装置的基本工作原理之一就是热-机械能量之间的转换。热机械传感器是利用材料的尺寸随温度变化而变化,即材料的热胀冷缩原理制成的传感器。当温度变化为 ΔT 时,物体线度 l 的变化为 Δl,成为一维线性热膨胀,它们之间的函数关系为:

$$\alpha_l = \frac{\Delta l}{l}\left(\frac{1}{\Delta T}\right) \quad \text{或} \quad \Delta l = l \cdot \alpha_l \cdot \Delta T \tag{3-1}$$

式中:α_l 是膨胀系数。

双金属温度开关是它的基本应用,图 3-1 为其基本工作原理。

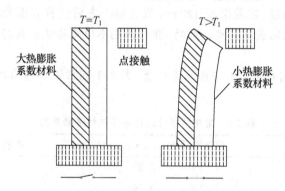

图 3-1 双金属温度开关的基本工作原理

假设双金属片没有残留应力,则它的曲率半径如下:

$$R = \frac{(d_1 + d_2)^2}{6(\alpha_{l_1} - \alpha_{l_2})(T_f - T_0)d_1 d_2} \tag{3-2}$$

式中:α_{l_1}、α_{l_2} 分别表示两种不同材料的热膨胀系数;T_f 为最终温度;T_0 为起始温度;d_1、d_2 分别表示两件不同材料的厚度。

如图 3-2 所示的带门闩的双金属温度开关。它的一个门闩由两金属片组成,先用探针将悬臂梁闭合,将门闩预留到"闭锁"状态,如图 3-2 下半部分所示。当周围环境温度低于设定值时,门闩自动打开,使悬臂梁断开,如图 3-2 上半部分所示。这一过程是可逆的,假如温度高于设定值时,则门闩自动关闭。电传感的机械存储器就是根据此方法制作的。如果机械结构经受冷或热而使温度低于或高于设定值,就可得到指示。

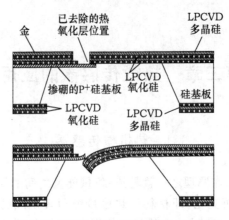

图 3-2 门闩结构的双金属薄膜温度开关

它的制作工艺为：在双面抛光的[100]硅片上，通过热氧化形成 500 nm 的二氧化硅膜并用此二氧化硅膜作为掩膜，再扩硼形成其中的一个梁，然后削去氧化层，用 LPCVD 沉积 120 nm 氮化硅。通过光刻形成一个窗口并在窗口沉积 180 nm 的二氧化硅牺牲层。再用 LPCVD 沉积掺磷多晶硅，接着沉积 120 nm 氮化硅。之后进行双面光刻以形成图形，溅射 500 nm 的 Au/Cr 并光刻成电接点。最后，在背面用 KOH 腐蚀出背腔，用 HF 腐蚀二氧化硅形成悬臂梁。

在微结构中双金属片结构的应用非常广泛，表 3-1 列举了一些常用薄膜材料的热导率和热膨胀系数。

表 3-1 常用薄膜的热传导率和热膨胀系数

材料	热导率/[W/(cm·K)](@300K)	热膨胀系数/(ppm/K)*
铝	2.37	25.0
氧化铝(多晶)	0.36	8.7
氧化铝(蓝宝石)	0.46	—
碳(无定型)	0.016	
碳(金刚石)	23	—
铬	0.94	6.00
铜	4.01	16.5
砷化镓	0.56	5.4
锗	0.60	6.1
金	3.18	14.2
铱	1.47	6.40
铁	0.80	11.8

续表

材　料	热导率/[W/(cm·K)](@300K)	热膨胀系数/(ppm/K)*
钼	1.38	5.00
镍	0.91	13.0
铂	0.716	8.8
聚酰亚胺(Amoco Ultradel 1414)	—	191
聚酰亚胺(Dupont P12611D)	—	3.00
聚酰亚胺(Hitachi PID-3200)	—	50.0
多晶硅	0.34	2.33
硅	1.49	2.60
碳化硅	4.90	—
二氧化硅(熔融)	0.0138	0.4
二氧化硅(热氧化)	0.0138	0.35
氮化硅	0.16	1.6
银	4.29	18.9
特富龙™(PTFE)	0.0225	—
锡	0.67	22
钛	0.219	8.6
钨	1.73	4.50

* ppm 为 1×10^{-6}。

对于液体来说，体积随温度在不同的体胀系数 α_V 的关系如下：

$$\Delta V = V \cdot \alpha_V \cdot \Delta T \tag{3-3}$$

其中

$$\alpha_V = 3\alpha_l (K)^{-1} \tag{3-4}$$

对于均一介质材料的线性膨胀，α_l 与晶向无关。

用二次式展开，有：

$$V + \Delta V = (l + \Delta l)^3 = l^3 + 3l^2 \Delta l + \cdots \approx l^3 + 3l^2 l \cdot \alpha_l \cdot \Delta T \tag{3-5}$$

大多数材料随温度升高而膨胀，但是水在冰点附近却收缩约 0.2%，这是因为河水从上而下结冰。而高温时水会膨胀，例如水银温度计。单晶材料的膨胀系数和材料的晶向有关。例如，硅[100]、[110]、[111]面，它们的膨胀系数是不同的。能够用于温度测量的还有基于相变的热机械传感器(如 TiNi 合金)，它具有热-应力或热-长度变换功能。此外，液体的热膨胀也可以作为一种机械力来使用。利用各种不同材料的熔点也可以构成微热传感器，如某一层材料在特定的温度下溶解而使点接触断开。

3.2 热敏电阻

3.2.1 热阻效应

热阻传感器的工作原理是:大部分材料的电阻(或电阻率)是随温度变化而变化的。可以从下列关于体材料的电阻公式就能看到这一点:

$$R = \rho \frac{l}{A} \tag{3-6}$$

式中:ρ 式电阻率,单位为 $\Omega \cdot cm$;A 是横截面积,单位为 cm^2;l 是长度,单位为 cm。

尺寸变量 l 和 A 都是随温度而变化的,但假定随温度的变化最为显著的只有电阻率 ρ。对于大多数材料来说,其温度系数为"正温度系数",它们的电阻是随温度的升高而升高的。但某些材料(如用于热敏电阻的半导体材料或陶瓷材料),其温度系数为"负温度系数",它们的电阻率是随着温度的升高而减小的,用这种特性制成的热敏电阻称为负温变系数电阻(negative temperature coefficient,NTC)。

热敏电阻的机理很复杂,其物理过程是吸收辐射,产生温度的升高。从而引起材料电阻的变化。但对于由半导体材料制成的热敏电阻可定性地解释为,吸收辐射后,材料中晶格的振动能和电子的动能都有所增加。因此,其中部分电子能够从价带跃迁到导带成为自由电子,从而使电阻减小,电阻温度系数是负的。因晶格振动的加剧,妨碍了电子的自由运动,而且其绝对值比半导体的小,从而电阻温度系数是正的。相反,对于由金属材料制成的热敏电阻,因其内部有大量的自由电子,在能带结构上无禁带,吸收辐射产生温升后,自由电子浓度的增加是微不足道的。

热敏电阻的灵敏面是厚约为 0.01 mm 的薄片,由一层金属或半导体热敏材料制成的。将其黏在一个绝缘的衬垫上,衬底又黏在一金属散热器上。如图3-3所示,使用的衬底其热特性不同,会使探测器的时间常数由大约 1 ms 变到 50 ms。为了提高吸收系数,灵敏面的表面要进行黑化,因为热敏材料本身不是很好的吸收体。单个元件接在惠更斯电桥的一个臂上是早期的热敏电阻。现在的热敏电阻多为两个相同规格的元件装在一个器壳里,一个作为接收元件,另一个作为补偿元件,接到电桥的两个臂上,可使温度的缓慢变化不影响电桥平衡。

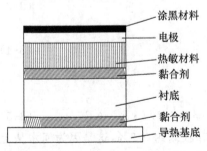

图 3-3 热敏电阻结构示意图

3.2.2 金属热敏电阻

热敏电阻有金属的和半导体的两种,它是由电阻温度系数大的材料制成的电阻元件。

金属热敏电阻和半导体热敏电阻的本质不同,它们的电阻率都随温度而变化,图 3-4 描述了金属铂的电阻率随温度的变化。

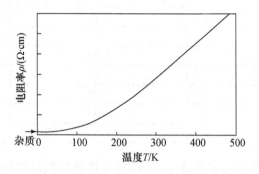

图 3-4 金属铂的温度与电阻率的关系

在 0~20 K 的范围内,与温度无关,其电阻率是个常数。而受电子杂质散射的影响,除非是在超导体的情况下。在温度低的范围内(20 K<T<50 K)可以看到与电子和电子之间散射有关的能量定律。当温度大于 50 K 时,电阻率与温度的关系呈线性,与声子和电子之间的散射有关。因此,金属热阻或热敏电阻在-2000~+10 000℃的温度范围内是可以应用的。定义电阻率的温度系数为:

$$\alpha_r = \frac{1}{\rho_0}\left(\frac{d\rho}{dT}\right) \tag{3-7}$$

用二次展开式描述位于线性区的金属电阻率:

$$\rho = \rho_0(1+\alpha T + \beta T^2) \tag{3-8}$$

式中:α 和 β 是材料常数;ρ_0 是 0℃时的标准电阻率。

电阻率的温度系数由上式可得:

$$\alpha_r = \alpha + 2\beta T \tag{3-9}$$

由此可知,电阻率的线性温度系数是材料常数 α,对金属是正值,它的典型值约为 5×10^{-3}/K。表 3-2 列出了合金和常用金属的电阻特性,其中电阻率的温度系数是 TCR。

表 3-2 常用金属和合金的电阻特性

材 料	电阻率 $\rho(20℃)/(10^8\,\Omega\cdot m)$	TCR$\alpha_r/(10^{-4}/K)$
镍铬铜合金(60%镍,16%铬,24%铜)	109.0	2
康铜(55%铜,45%镍)	49.0	+0.2,-0.2
锰铜(86%铜,12%锰,2%镍)	43.0	-0.2
钯	10.8	37.7
铂	10.6	39.2
铁	9.71	65.1
铟	9.00	47.0

续表

材 料	电阻率 $\rho(20℃)/(10^8\ \Omega\cdot m)$	TCR$\alpha_r/(10^{-4}/K)$
镍	6.84	68.1
钨	5.50	46.0
铑	4.70	45.7
铝	2.69	42.0
金	2.30	39.0
铜	1.67	43.0
银	1.63	41.0

铂的电阻率随温度变化的线性最好，所以它是热敏电阻最常选用的材料，也即 β 值最小，仅为 $-5.9\times10^7/K^2$。铂有高的合理的电阻率温度系数 TCR($39.2\times10^{-4}/K$)。尽管铂的电阻率不是最高，高纯的铂丝其化学稳定性极好，也很容易获得，这是很重要的。早在 1964 年线绕铂温度计就已被收入英国工业标准 BS-1904。它现在已被广泛应用，在 15～1000 K 的极宽温度内，铂温度计的误差仅为 0.1℃，其标准电阻为 100 Ω。铂电阻常被用作温度参考标准，是因为其稳定性极好。镍电阻温度计的工作范围仅为 70～600 K，但它的价格要比铂电阻便宜。

线绕铂热敏电阻的价格要比铂薄膜(厚度<1 μm)热敏电阻贵，但铂薄膜的热响应时间更快。铂薄膜热敏电阻工作温度范围为 70～350℃。长时间的稳定性可达到小于 0.1℃(每年)，产品的精度小于 0.2℃。

需要利用电阻电桥，从而使热敏电阻的标称电阻值达到 100 Ω 并且模拟 TCR 金属热敏电阻的状态。如图 3-5 所示，三引线补偿电桥为其常用于测量电阻的电桥。图中的 R_{L1}、R_{L2}、R_{L3} 分别为三引线的电阻，它们将电阻为 R_T 的热敏电阻连接到电桥电路中。电流没有从引线 R_{L2} 中流过，从而可使得三引线的电阻相等，而使得 L_1 和 L_2 这两根引线的电压降相等，这是在平衡态时。电桥具有最高的灵敏度时是当电桥的 4 个臂(R_{L1}、R_{L2}、R_{L3}、R_T)的电阻相等时，电桥的输出 U_{out} 约为 1 mV/℃，在标准电阻为 100 Ω 的铂热敏电阻以及 10 V DC 时。

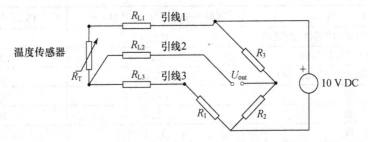

图 3-5　金属热敏电阻用的三引线补偿电桥电路

3.2.3 半导体热敏电阻

金属制成的热敏电阻可以用热敏的半导体材料代替,这些半导体材料往往直接是硅或各种金属氧化物。这种半导体热敏电阻比起金属热敏电阻的精度和稳定性都要差一些。但它们能够提供集成的接口电路,并且其大规模生产成本较低,以便与其他元件一起集成。半导体热敏电导常用 thermistor 来特指,以区别于金属热敏电阻(thermoresistor)。这些半导体材料(例如氧化铜、氧化锰、氧化镍、硒化物、硫化物等)常常被制成小的棒形、圆珠形或圆盘形。金属热敏电阻要比典型的半导体热敏电阻的电阻率要小,呈现高度的非线性,其电阻温度系数是负的。如图3-6所示,铂和镍的温度与电阻率的关系在图中画了出来,这是为了更好的比较。

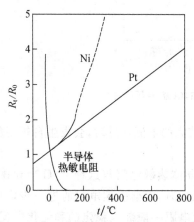

图 3-6 半导体热敏电阻的温度与电阻率关系

通常用下式表示半导体热敏电阻的电阻率:

$$\rho = \rho_{\text{ref}} \exp\left[\beta\left(\frac{1}{T} - \frac{1}{T_{\text{ref}}}\right)\right] \tag{3-10}$$

式中:β 是材料常数;ρ_{ref} 是参考温度(T_{ref})时的电阻率,该参考温度通常是 25℃ 而非 0℃。

根据式(3-7),半导体热敏电阻的电阻系数温度可表示为:

$$\alpha_r = -\frac{\beta}{T^2} \tag{3-11}$$

$3000 \sim 4500$ K 为式中指数常数 β 的典型值;$500\,\Omega \sim 10\,\text{M}\Omega$ 是在 25℃ 时的相应电阻。

可以将半导体热敏电阻与基本的演算放大器一起使用,而不必再与精密的电桥一起使用,因为电阻随温度的变化较大。例如,只需使用一个电压放大器(如 741 运算放大器)和一个带有标准电阻 R 的分压器来缓冲信号就可以了。如图3-7所示,图中输出电压 U_{out} 由下式给出:

$$U_{\text{out}} = \frac{R}{R + R_T} U_{\text{cc}} \tag{3-12}$$

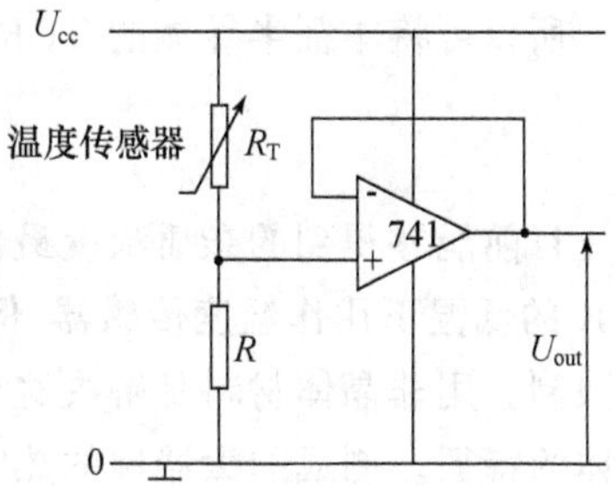

图 3-7 半导体热敏电阻的基本电路

因为半导体热敏电阻的电阻温度系数(temperature coefficient of resistance,TCR)与功率消耗密切相关,所以在操作时要特别注意。图3-8描述了电流-电压特性。

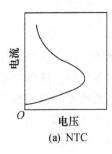 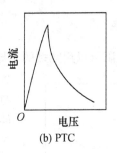

(a) NTC　　　(b) PTC

图 3-8　NTC 和 PTC 半导体热敏电阻的电流-电压特性

NTC 半导体热敏电阻的温度系数是负的,因此有较大的电流通过时,会发生自热现象,导致在同样的外加电压下出现较大的电流。

某些金属氧化物的电阻温度系数是正的,NTC 半导体热敏电阻与这种 PTC 半导体热敏电阻的电流-电压特性有很大差别。当有较大电流通过时,就会引起电阻的进一步增加,从而使流过器件的电流变小,盘形或棒形的半导体热敏电阻一般装入稳定的和无化学反应的陶瓷或玻璃化合物中,1～10 s 是其液体在热时间常数(τ)的典型值。

本征半导体材料作为用于半导体热敏电阻的非常有吸引力的一种材料,从理论上来说,其电阻率与载流子的迁移率无关,而是受到载流子产生机理的控制。所以忽略与温度有关的迁移率项,本征半导体的电阻率 ρ 为:

$$\rho = A(T^n) \exp \frac{E_g(0)}{2kT} \propto \exp \frac{E_g(0)}{2kT} \tag{3-13}$$

式中:$E_g(0)$ 是在绝对温度时的能带间隙;$A(T^n)$ 是与温度和材料有关的很弱的项,对硅来说约为 1。

所以可将本征半导体的 TCR 写为:

$$\alpha_r \approx \frac{-E_g(0)}{2kT^2} \tag{3-14}$$

目前能够得到的杂质浓度最低的晶体硅还是超过了本征载流子的浓度。锗能够在 1～35 K 的低温下用作温度传感器,但本征半导体热阻在低温下的应用被所需的离子杂质浓度所限制。用非晶体材料是解决这个温度的另一个办法。非晶锗具有 TCR 高且有准本征半导体的特征。制成的微器件的热时间稳定性为 0.25℃(在 10℃至 60℃范围内)。这种微器件液体中的热时间常数仅为 3 ms,在液体中有源层被 3 μm 的氮钝化。

用非本征半导体代替本征半导体制作热阻是更加实际的办法。100～500 K 之间是通常的温度。低温时,电阻率随着温度的升高而下降,是由于载流子产生占主导地位。在高温时,电阻率仍然随温度升高而下降,是由于电子被激发到导带。在温度介于 100 K 和 500 K 之间时,位于导带的电子数量由掺杂浓度决定而温度关系完全由载流子迁移率决定。图 3-9 表示在这个温度范围内硅在不同掺杂浓度时的电阻率与温度之间的关系。

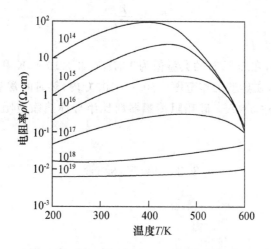

图 3-9 不同掺杂浓度时的电阻率与温度关系

掺杂浓度较高时,由于电子散射低于杂质散射,因此电阻率几乎与温度无关。当掺杂浓度适当时,n 型硅有准金属的特性,TCR 为正,而在低温时的电阻率由下式表示:

$$\rho \approx \rho_0(1 + \alpha T + \beta T^2) \tag{3-15}$$

式中:α、β 是材料常数;常数 ρ_0 为 1~10 Ω。

制备硅热敏电阻就是使用这个特性,利用 n^+/n 接触形成直径为 20 μm 的"扩散电阻"。图 3-10 描述了这种器件用传统的电子技术制作的基本概貌。扩展这种器件的工作范围可以使用偏流。非本征半导体转变为本征半导体的开关温度是由偏流提高的,从而 10 mA 的电流就可使最高温度由 500 K 提高到 700 K。

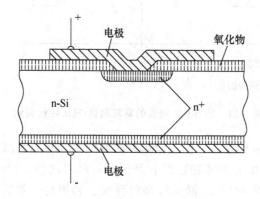

图 3-10 硅扩散电阻热阻的基本概貌

下面给出扩散电阻的公式:

$$R_s \approx \frac{\rho}{\pi D} \tag{3-16}$$

式中：扩散电阻的直径为 D。

这类硅温度传感器，在 25℃时的典型值为 1 kΩ，7.68×10^{-3}/K 和 1.88×10^{-5}/K² 分别为温度系数 α 和 β 的值，在典型工作范围 $-50\sim+100$℃内，热时间常数 τ 约为 10 s（空气中）或 1 s（液体中），电流可达 5 mA。硅热阻传感器要比半导体热敏电阻更加便宜并且可以直接测量温度。

3.3 热二极管

3.3.1 基本原理

使用二极管来代替热传感器是 McNamara 在 1962 年首先提出的。热二极管与其他类型热传感器相比的潜在优势在于生产成本低廉并且它的制造技术与 IC 技术匹配。

图 3-11 描述了硅 p-n 二极管的理想电流-电压特性曲线。当电压大于正向导通电压时，有电流通过二极管。当电压小于正向导通电压时，没有电流流过二极管，从而在较高的反向偏压时使得电流达到饱和。

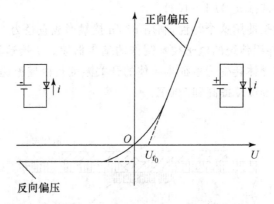

图 3-11 硅 p-n 二级管的理想电流-电压特性曲线

图 3-12 表示了硅 p-n 结在正向和反向偏压时的耗尽区和能级图。当偏压为零时，载流子必须穿过势垒 U_0 才能由 n 型区迁移到 p 型区或者反向迁移。使用反向偏压 U_r 提高势垒的高度，也可以使用正向偏压 U_f 降低势垒的高度。利用这个效应，可以使电流通过 p-n 结。如图 3-12 所示，利用电压 U 可以修正费米能级，对于 n 型半导体材料来说，它总位于导带附近，但对于 p 型半导体材料来说，它总位于价带附近。

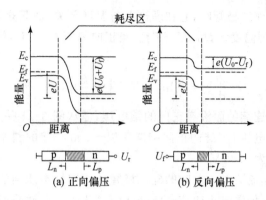

图 3-12 硅 p-n 结在正向和反向偏压时的能级图和耗尽区（阴影区）

由经典的结理论可知，电子和空穴电流密度 J_n 和 J_p 与简单的扩散过程有关，它们可以表示为：

$$J_n = D_e e \left(\frac{dn}{dx} \right) = D_e e \left(\frac{n'_p - n_p}{L_p} \right) \tag{3-17}$$

$$J_p = D_h e \left(\frac{dp}{dx} \right) = D_h e \left(\frac{p'_n - p_n}{L_n} \right) \tag{3-18}$$

式中：n'_p 是距离耗尽层边缘为 L_p 的平衡态电子浓度；n_p 是 p 型半导体材料耗尽层边缘的电子浓度；D_e 是电子的扩散率。

可用类似的方法定义 n 型半导体材料的参数，利用爱因斯坦关系式，电子和空穴浓度与外加电压 U 有关，可表示为：

$$\frac{n'_p}{n_p} = \exp\left(\frac{eV}{kT}\right) \quad \text{和} \quad \frac{p'_n}{p_n} = \exp\left(\frac{eV}{kT}\right) \tag{3-19}$$

在式(3-17)、(3-18)中带入空穴浓度和电子式(3-19)，可得到理想二极管方程：

$$i = i_s \left[\exp\left(\frac{eV}{kT}\right) - 1 \right] \tag{3-20}$$

式中：i_s 是饱和电流常数，与结面积有关，其定义式为：

$$i_s = A \left[\frac{D_e e n_p}{L_p} + \frac{D_h e p_n}{L_n} \right] \tag{3-21}$$

在实际的二极管中，理想二极管式需将非理想倍增因子 η_d（典型值为 1.5）加入指数项中，因为由热产生的载流子可能扩散到耗尽区中，并重新在那里结合。此外，在实际的二极管中，还要考虑所有包装所造成的结压降以及中性区的压降。

二极管理想的温度-电压关系可通过重新整理以上 5 个式子后得出：

$$U = \left(\frac{kT}{e}\right) \ln\left(\frac{i}{i_s} + 1\right) \tag{3-22}$$

这个方程式对于温度传感器来说非常适用，因为二极管的压降与绝对温度成正比。

当使用恒流源来操作二极管时,它在理论上与温度无关,而只是与电流项有关,对上式取关于 T 的导数,就得到温度常数 (dU/dT)。当正向偏压 $i \ll i_s$ 时,饱和电流的变化变得可以忽略,因此:

$$\frac{dU}{dT} = \frac{k}{e} \ln\left(\frac{i}{i_s} + 1\right) \approx \frac{k}{e} \ln(i) \tag{3-23}$$

由于函数的导数是连续的而没有正向的结电压,但从图 3-11 关于硅二极管的电流-电压曲线可以估算正向结电压 i_{f0},硅的正向结电压以 $-2\,mV/℃$ 的斜率近乎线性地随温度变化,在 25℃ 为 0.7 V(锗为 0.25 V)。

图 3-13 是当正向电流为 $10\,\mu A$ 时的硅二极管的正向结电压与温度的关系曲线。图中存在一个明显的线性区,低温时正向结电压是陡峭变化的。显然我们可以在正向结电压的线性区来测量 50～300 K 的温度。

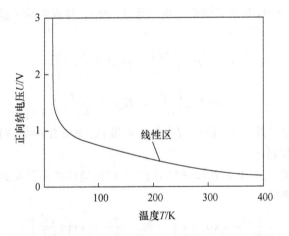

图 3-13 硅二极管的正向结电压与温度的关系曲线

当温度高于 200℃ 时,掺杂原子的迁移率由于高温引起的持续损伤而提高。相反地,当掺杂原子不再完全离子化时,硅热二极管不再保持线性,然后进入低温区。不过,除了这些受到限制的温度区域外,热二极管仍然提供了一种廉价的精度适当的温度测量方法。

3.3.2 集成的热二极管

图 3-14(a)为用于测量热二极管正向偏压 U_f 的基本运算放大电路,流过二极管结的电流 i 被电阻 R_1 和 R_2 所限制。再通过一个差分电压运算放大器测量二极管的正向电压,从而得到输出电压 U_{out} 与温度呈线性关系。图 3-14(b)是日立半导体公司生产的 LM3911 器件,这种微传感器价格低廉,它含有一个集成放大器,只需一个电压,输出为 $10\,mV \cdot K^{-1}$。

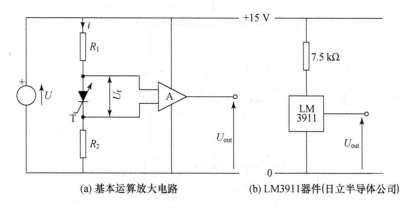

(a) 基本运算放大电路　　　　(b) LM3911器件(日立半导体公司)

图 3-14　测量热二级管正向偏压 U_f 的基本运算放大电路

实际上,漏电流 I_s 或饱和电流对生产工艺十分敏感,其本身还受到扩散和结合率的影响,所以也受到温度的影响。在 25℃ 时,硅二极管的饱和电流仅为 25 mA,但在 150℃ 时却达到 7 mA。热二极管的温度范围及线性区受到了这种大电流的限制。制作集成电路热微传感器若使用晶体管来代替二极管,那么它的性能会有很大改善。

3.4　热晶体管

3.4.1　基本原理

因为热晶体管极易与电子电路集成,所以它有着其他温度传感器没有的优点。扩散工艺主要决定热晶体管的发射极电流 I_e,基极电流是在结合过程中决定的。前面已有表述,其表达式如同二极管那样,基极与发射极之间的电压 U_{be} 也与温度有关。某些常数与器件的尺寸具有不同的关系是热晶体管与其他二极管的区别。

先使用大的集电极电流 i_{c_1},再使用小的集电极电流 i_{c_2},是使用一个晶体管测量温度的更精密的方法。两种集电极电流造成的两种基极与发射极之间的电压之差 ΔU_{be} 与器件的几何尺寸及材料无关,而只与集电极电流有关。当 $i_{c_1} \gg i_{c_2}$ 时,ΔU_{be} 为

$$\Delta U_{be} = (U_{be1} - U_{be2}) = \frac{kT}{e} \ln\left(\frac{i_{c_1}}{i_{c_2}}\right) \tag{3-24}$$

3.4.2　集成的热晶体管

图 3-15 所示的电路基本功能是比单个热晶体管强大得多的多个热晶体管。晶体管 T_1 和 T_2 的基极-发射极电压相等,都是 U_{be1}。因此电流 i 均匀地向下分为两部分,T_3 包含 8 个与 T_4 完全相同的晶体管。所以通过 T_4 的集电极电流是通过 T_3 的集电极电流的 8 倍。

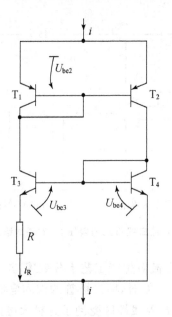

图 3-15 一种热晶体管集成电路

在第二级中,电阻 R 上的压降是 T_4 和 T_3 基极-发射极之间的电压差:

$$U_R = (U_{be1} - U_{be2}) \tag{3-25}$$

然后将式(3-24)代入上式,得到

$$U_R = \frac{kT}{e}\ln\left(\frac{i_4}{i_3}\right) = \frac{kT}{e}\ln 8 \tag{3-26}$$

因为流过电阻 R 的电流时 $i/2$,所以电流与绝对温度成正比:

$$i = \frac{2kT}{eR}\ln 8 \tag{3-27}$$

3.5 热 电 偶

热电偶是最早出现的基本热传感器,其应用十分广泛,因为具有价廉、可靠、可互换以及温度范围广优点。热电偶是一种热电探测器件。它的工作原理是温差电效应。两种不同的导体材料构成接点,在接点处可产生电动势。这个电动势的大小和方向与该接点处的两种不同的导体材料的性质和两接点处的温差有关。如果把这两种不同的导体材料结成回路,当两个接头处的温度不一样时,回路就会产生电流。这种现象成为温差电效应或赛贝克(Seebeck)效应。

穿过材料的电场与温度之间的关系可由赛贝克系数联系起来,并经常记做 α,在物理学里它是电场单位 V/(m·K),而在工程学中它是电压单位 V/K。物理两端的电场(或电压)

可简单地与温度差形成函数：
$$U = \alpha \cdot \Delta T \tag{3-28}$$
双金属热电偶对的常数 α 经常被称做热电功率或赛贝克系数。

图 3-16 是基本的热电效应示意图。

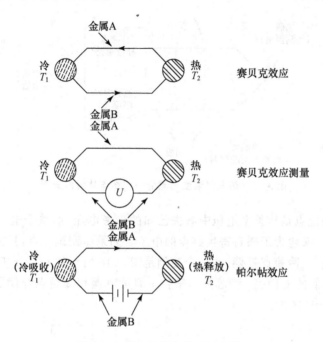

图 3-16 基本的热电效应示意图

大部分金属的赛贝克系数很小，仅为 10^{-8} V/K，而半导体的赛贝克系数可以大得多，对于 n 型半导体，有：
$$\alpha_n = -\frac{(E_c - E_f) + 2kT}{qT} \tag{3-29}$$
对 p 型半导体，其赛贝克系数为：
$$\alpha_p = -\frac{(E_f - E_v) + 2kT}{qT} \tag{3-30}$$
式中：E_v 是价带能量，单位仍为 eV。

对于适当掺杂的半导体，赛贝克系数可达 $10^{-4} \sim 10^{-3}$ V/K 数量级，因为多晶硅可作互联，所以使得掺杂半导体很适合作集成的热电偶电路。

而对于微热电偶，可能存在一些不需要的寄生热电偶接点，这些寄生热电偶接点是由器件的简单电气连接引起的，例如焊锡-导线、导线-螺钉之间都可以形成寄生热电偶接点。以焊锡-铜接点为例，它可形成 3 μV/℃ 的寄生热电偶，与所需的热电偶的输出（约为 50 μV/℃）相比，已是很大了。寄生热电偶结点与所需的热电偶相互串联而引起许多问题。

为了补偿这个不希望的效应,可以将第二个热电偶接点(称为"参数"或"冷"接点)置于与寄生热电偶接点相同的温度,并与第一个接点串联,使得它的电压从原先的接点电压中减去。由于信号正比于这两个接点的电压差,因此可使测量更为精确。图 3-17 是热电偶温度测量的"冷"接点补偿原理图。

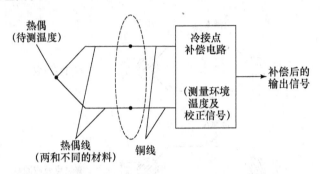

图 3-17　热电偶温度测量的"冷"结点补偿原理图

这个思路的关键点是从整个电压中减去已知的参考电压,而整个电压即包含了来自测量接点的所需信号,又包含了来自寄生接点的电压。如果做到这一点,只需通过电的方法而不需设置"冷"接点。"冷接点补偿"的一个实例是图 3-18 所示的 Linear Technology 公司生产的包含 J 型热电偶的 LT1025 型芯片。来自 J 型热电偶和冷结点补偿器 LT1025 的输出差被放大器(LT1001)放大。

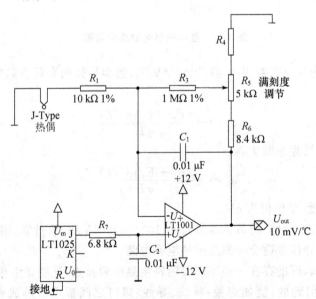

图 3-18　带有冷接点补偿器的热电偶芯片

以下介绍以聚酰亚胺为基底的应用热电堆的柔性发电器。由在聚酰亚胺上的Ni-Cu热电堆及散热片和吸热片组成的这种发电器长为60mm,高为3mm。通过实验可知每个热电偶的赛贝克电压为15.4μV/K,可用在自由形态的表面。

通过应用赛贝克效应,已经研制出了各种热电发电器,且有望成为适用于废热的便携式元件。过去主要致力于研发新的热电材料,而对热电发电机的结构考虑较少。传统的热电发电器大多数由相互平行的硬散热平板、硬吸热平板以及夹在其中间的热电堆组成,由此其只能应用于平整表面场合,适用范围受到了限制。而新开发的这种柔性热电发电器可适用于各种曲面表面。光刻工艺制作的这种发电器有着微型化与便于集成的优点。

热电偶片由附着在聚酰亚胺片上的热电偶相互串接组成。为了方便,热电材料的Ni和Cu分别简称为材料A与材料B。弯曲成波状的热电偶形成了冷端和热端,见图3-19,冷端和热端之间的距离为2.6mm。由波状的热电偶片放在柔性的散热片和吸热片之间就形成了一个热电发电器。为了使热电堆片具有可塑性易于成型可将热电偶的弯折处凹口。

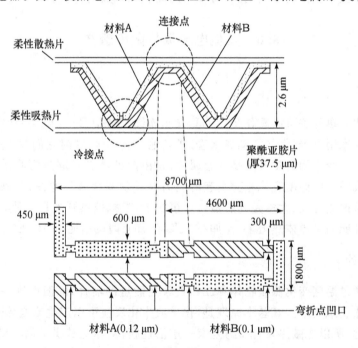

图3-19 热电偶发电器截面图及部分放大图

用光刻工艺制备的热电偶片,主要的工艺流程包括:① 涂 AZ5214E 光刻胶在聚酰亚胺片上;② 第一次曝光等工艺流程形成热偶脚;③ 烘胶;④ 曝光;⑤ 显影;⑥ 可以用电子束蒸发让它形成金属 A(Ni);⑦ 浸泡剥离(lift-off)。重复①～⑦的工艺流程完成金属 B(Cu)的图形,可使它和金属 A(Ni)的图形相连,制作成热偶片。在第一次曝光时 AZ5214E 光刻胶表现为正性胶的性质,负性胶的性质表现在工艺流程③烘胶与工艺流程④曝光时。把制成的电偶片放在波状的夹具上,可以使用真空成形的方法把电偶片制成波状。然后再用热吸收片(热导率约为 600 W/(m·K)的柔性石墨片)和散热片分别黏接在波状电偶片的波谷和波峰上,如图 3-20 所示。可以在热电偶上涂抹一层 PMMA 来保证石墨片和热电偶之间实现电绝缘。

这种发电器还可以安放在曲面上,将热电发电器带在手腕上,然后不断的震动手臂,测量出起输出电压及功率,就可以观测出随着手臂的震动输出电压有很快的变化。空气与发电器的相对运动可使吸热片加快降温,因此手臂震动时,可以增大输出电压。平均每个热电偶的输出电压是 15.4 V/K,输出电压和温差成正比。

如果采用更高热电系数的热电材料来代替镍-铜,还可以增大输出。要产生 1 W/K 的功率,需要 28 000 个镍铜热电偶,发电器的面积是 420 mm×600 mm,与 A2 纸大小相当。如果采用 Bi-Te 热电偶,只要 240 个热电偶就可以产生同样的功率,面积是 39 mm×55 mm。

这种灵活的热电发电机有着非常好的应用前景,并且随着结构的优化,将会更小型化和易于集成。为了获得更高的输出电压,可以采用高热电系数的材料。

3.6 其他电测量热微传感器

3.6.1 热开关

温度开关或者热开关可以看作是一种具有非连续调节信号(开或关)功能的热传感器,它们经常被用在家用电器(例如自动热水壶)或其他一些场合,这时它们并不是测量器件,而是一种控制器件。经常用的热开关是双金属片,是由两种具有不同热膨胀系数的金属片经过机械结合而成的。由温度变化差异引起的应力差异使双金属片弯曲,起到控制作用。现在可以制作微机械热开关,大多是固态器件。事实上,微机械热开关是一种具有由温度导致电阻急剧变化性能的半导体热电阻,比如在 57℃ 或 75℃ 时的电阻为 100 kΩ。

3.6.2 微热量计

热量计是通过温度变化测量物体释放和吸收热能量的器件,而温度则一般是通过半导体热敏电阻和热偶来测量。其基本原理是,化学或生化反应可以产生或去除热,从而造成系统自由能的变化,所以在微热量计中总是有一层活性膜,实际上是属于化学和生物传感器。

3.7 其他非电测量热微传感器

3.7.1 温度计

测量温度的传统方法是测量固体、液体或气体的热膨胀,例如双金属片。固体和液体的温度变化关系为:

$$l = l_0(1 + \alpha_1 T + \beta_1 T^2) \tag{3-31}$$

式中：α_1、β_1 是材料的线膨胀系数；l_0 是参考温度(如 0 ℃)时的长度。

水银温度计的工作温度范围为 $-35\sim+510$ ℃，它的线膨胀系数是 1。关于传统温度计的讨论大家可以参考有关资料。虽然硅的热膨胀更明显，但是硅温度计输出可能不像 p-n 二极管那么容易。

3.7.2 温度指示器和光纤传感器

现在我们已经能人工生长某些有机晶体材料了，它们在加热或者冷却时可以改变颜色。将这些材料涂在物体表面可以用作温度指示器，从一定意义上来说，可以把它们认为是调制温度传感器，这种被称为热致变色的薄膜的灵敏度比较低而且温度范围也比较小，表 3-3 列出了热致变色涂料的性能。

表 3-3 热致变色涂料

温度范围/℃	颜色	最小厚度/μm
58~82	黄	10
82~102	绿	10
98~117	白	10

这种涂料的颜色随着温度的变化是可逆的，但是由于它的有机分子在紫外线辐射下会损伤，因此它的性能在长时间太阳光照下会衰退，从而限制了它们的使用范围。

比这种准液晶更好的材料是坚固一些的玻璃。图 3-20 是一种光纤温度传感器装置，其中一根光纤通过温度敏感臂(穿过炉子)到达过滤器，而另一根光纤则直接到达过滤器，这两个通道分别被称为信号臂和参考臂。它的基本工作原理是，温度变化引起两个臂信号的位相差的变化。但要注意的是，这种性能是和荧光活性材料的衰减时间有关的。表 3-4 列出了不同的传感器材料的性能比较、使用的测量技术和光调剂。

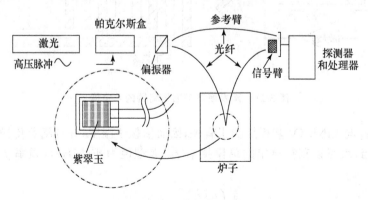

图 3-20 光纤温度传感器装置

表 3-4 几种光学温度传感器性能比较

传感器材料	Nd 玻璃	紫翠玉	红宝石	RG-Nd 玻璃
使用的技术	衰减时间	衰减时间	衰减时间	参考吸收
温度范围	$-50\sim+220℃$	$+20\sim+150℃$	$+20\sim+140℃$	$-60\sim+200℃$
最高温度	420℃	1900℃	1900℃	400℃
校正曲线	接近线性	偏离线性	偏离线性	偏离线性
梯度	1.3×10^{-7} s/K	4.5×10^{-7} s/K	7×10^{-6} s/K	8.2×10^{-3} s/K
信号强度	强	中	中	强
光源	LED	激光	激光	LED
光源调制	电,价廉	电-光,价贵	机械,不方便	点,价廉
分辨率	1℃	0.5℃	—	—
精度	±2.5℃	≤1℃	±2℃	±3℃

3.7.3 表面声波温度微传感器

图 3-21 是一个声表面波延迟振荡器的示意图,在 $LiNb_2O_3$ 基板上制备金梳齿电极,它发射并接受声表面波,振荡频率取决于相位回路的条件,与温度有如下关系:

$$f(T)=\frac{(2\pi n-\phi)}{\tau_d(T)} \tag{3-32}$$

式中:ϕ 是放大器的相位变化,τ_d 是表面波延迟线振荡器的时间,n 是激发模数。

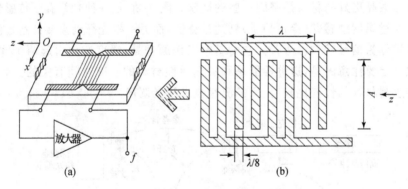

图 3-21 声表面波延迟振荡器的示意图

延迟时间 τ_d 与 $LiNb_2O_3$ 基板热膨胀有关,因而依赖于温度,并且随着传播速度而变化。只要设计的得当,就可以获得稳定的单模频率 f_0(典型值为 40 MHz),频率 f_0 与温度的关系为:

$$\frac{1}{f_0}\left(\frac{\mathrm{d}f}{\mathrm{d}T}\right)\approx\alpha_1-\alpha_v \tag{3-33}$$

图 3-22 显示了振荡频率为 43 MHz 的 $LiNb_2O_3$ 声表面波延迟线振荡器在 $-50\sim +150℃$ 范围内的温度与频率的关系,灵敏度是 4 kHz/℃,而在上述的温度范围内与温度无关。分辨率高达 0.001℃。

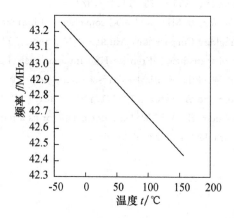

图 3-22 声表面波延迟线振荡器温度与频率关系

习 题

1. 结合图 3-1 简述双金属片温度开关的基本原理。
2. 什么是热阻效应,热敏电阻是如何利用热阻效应实现的?
3. 半导体热敏电阻的电阻率公式是什么?叙述公式中各参数对它的影响。
4. 热二极管中的硅 p-n 结工作在哪个区?为什么?
5. 什么是赛贝克效应?它在热电偶中的作用是什么?
6. 声表面波温度微传感器的延迟时间与什么有关?为什么?

参 考 文 献

[1] Goldman K, Mehregany M. A nocel micromechanical temperature memory sensor. Preceedings of transdusers '95, the 8th international conference on solid-state sensors and actuators. Stockhold, Sweden, June 25-29, 1995, 2: 132~135.

[2] Incropera F P, DeWitt D P. Fundamentals of heat and mass transfer. Third Edition, John Wiley and Sons, New Tork, NY, 1990.

[3] Weast R C. CRC handbook of chemical and physics. CRC Press, Inc. Boca Raton, FL, 1988.

[4] Urban G, Jachimowicz A, Kohl F, et al. High-resolution thin film temperature sensors for medical application. Sensors and Actuators, 1990, 21-23: 650~654.

[5] Lide D R. CRC handbook of chemistry and physics. 77th Edition, CRC Press, Inc. , Boca Raton, FL, 1996.

[6] Madou M. Fundamentals of microfabrication. CRC Press, Inc. , Boca Raton, FL, 1997.

[7] Van Herwaarden A W, Van Duyn D C, Van Oudheusden B W, et al. Integrated thermocouple sensors. Sensors and actuators, Feb. 1990, 21-23: 621~630.

[8] Seebeck T. Magnetische polarisatio der metalle erze tempereratur-differenz. Abhaandlungen der Preussischen der wissenschaften, 265~373, 1822~1823.

[9] Williams J. A monolithic IC for 100MHz RMS-DC conversion. Linear technology corporation application note 22. Linear Technology Corporation, Milpitas, CA, Sept. 1988.

[10] Norton H N. Handbook of transducer. Prentice-Hall International, London, pp 554. 1989.

[11] Grattan K T V, Palmer A W. Fiber-Optical-Addressed temperature transducers using solid-state fluorescent materials. Sensors and Actuators, 1987, 12: 375~387.

[12] Neumeister J, Thum R, Luder E. A SAW delay-line oscillator as a high resolution temperature sensor. Sensors and Acutators, 1990, 21-23: 670~672.

第四章 磁微传感器的应用

电磁感应现象,向我们揭示了电与磁的密切联系。当电流通过线圈时,在线圈周围产生磁场,若线圈内的磁通量发生变化,则线圈会产生感应电动势。人们很早就利用这一物理现象来产生磁场和检测磁场,因此,最简单的把磁转换成电的磁传感器是线圈。磁微传感器是一个既能传感磁场又能从中获取信息的固体器件。在许多应用中,传感器把与磁感应强度有关的信息转换成电信号,因此,磁传感器是把磁场转换成相应电信号的转换器。磁传感器是利用磁场工作的,利用磁场作为媒介可以检测很多物理量,例如位移、振动、力、转速、加速度、流量、电流、电功率等。它不需要从磁场中获得能量,可以实现非接触测量。非接触方式可以保证传感器寿命长、可靠性高。在很多情况下,可采用永久磁铁来产生磁场,不需要附加能量,因此,这一类传感器获得了极为广泛的应用。

用来实现磁传感器的原理非常之多,例如霍尔效应、磁阻效应、巨磁电阻效应、巨磁阻抗效应、核进动、超导量子干涉器、磁致伸缩效应、磁弹性效应等等,目前的发展方向是磁传感器的微型化。固态的磁微传感器大致可分为两类:一类是以半导体材料磁效应构成的各种磁微传感器,如霍尔效应器件、磁阻器件、磁敏二极管、磁敏三极管和集成磁敏霍尔器件;另一类是以金属磁性材料中磁效应构成的各种磁敏传感器,如磁阻磁头、磁强计、磁存储器、超导量子干涉器(superconductivity quantum interference devices,SQUID)等。

图 4-1 给出了各种磁传感器检测磁场的极限。由图 4-1 可以看出,SQUID 器件是检测

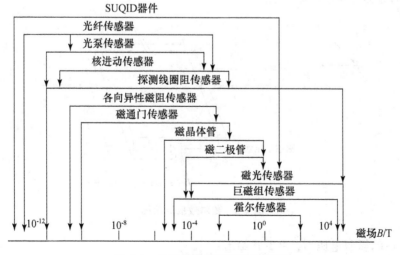

图 4-1 各种传感器测量磁场范围

磁场灵敏度最高的一种磁敏传感器,它比核磁共振的灵敏度高几个数量级。人类的生命活动伴随着磁场,这些磁场一般都是很微弱的,如最强的肺磁场其强度也只有 $10^{-11} \sim 10^{-8}$ T,心脏磁场强度为 $10^{-9} \sim 10^{-10}$ T,脑磁场更弱,为 $10^{-11} \sim 10^{-12}$ T。只有 SQUID 才能分辨出这么低的弱磁场。

本章从材料性能机理上对磁微传感器进行分类介绍。

4.1 霍尔效应器件

4.1.1 霍尔效应

霍尔效应是 1879 年霍尔(Edvin Hall)在金属材料中发现的,后来曾有人利用霍尔效应制成测量磁场的磁传感器,但终因金属的霍尔效应太弱而没有得到应用。直到 20 世纪 50 年代,随着微电子技术的发展,霍尔效应才被重视和使用,并开发出多种霍尔效应器件。霍尔效应的概念比较简单,载流导体放置于磁场中,磁场方向与电流方向垂直,电荷载流子通过垂直磁场时,由于受到洛仑兹(Lorentz)力而发生偏转,在与磁场和电流垂直的方向上产生电势,称为霍尔电势。

图 4-2 为霍尔效应原理图。对于半导体材料,假设载流子为空穴(p 型半导体材料),在与磁场垂直的半导体薄片上通以电流 I,空穴沿与电流 I 相同的方向运动,由于洛仑兹力的作用,空穴将向一侧偏转,并使得该侧形成空穴的积累,而另一侧形成负电荷的积累,于是元件的横向便形成了电场。该电场阻止空穴继续向侧面偏移,当空穴所受到的电场力与洛仑兹力相等时,空穴的积累达到动态平衡。这时在两横端面之间建立的电场称为霍尔电场 E_H,相应的电势称为霍尔电势 U_H。

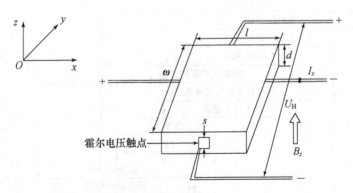

图 4-2 霍尔效应原理图

根据图 4-2,霍尔电压 U_H 由下式给出:

$$U_H = \frac{R_H I_x B_z}{d} = R_H J_x \omega B_z, \quad J_x = \frac{I_x}{\omega d} \tag{4-1}$$

式中：R_H 为霍尔系数，单位为 m^3/C；I_x 为流过平板电流，单位为 A 或者 C/s；ω 为平板宽度，单位为 m；B_z 为磁通密度，单位为 T、$N/(A·m)$ 或 $(N·s)/(C·m)$；d 为平板厚度，单位为 m；J_x 为电流密度，单位为 A/m^2。

当 $l \gg \omega \gg d$，上述等式有效。而当 l 并不远大于 ω，但 $\omega \gg d$，霍尔触点很小时，上述等式也近似成立。值得注意的是：霍尔系数 R_H 依赖于磁通密度 B_z，并导致非线性。在上述等式有效时，非线性可以忽略，霍尔电压 U_H 正比于电流 I_x 或磁通密度 B_z，反比于平板厚度 d。

上述半导体薄片(霍尔片)的形状对霍尔电压影响很大，即霍尔片存在形状效应。若考虑形状效应，则对霍尔电压进行形状修正为：

$$U_H = f\left(\frac{l}{\omega}\right) \frac{R_H I B}{d} \tag{4-2}$$

式中：$f(l/\omega)$ 为形状效应系数，其修正值如表 4-1 所示。可以看出，当 l/ω 大于 3 时，$f(l/\omega)$ 趋近 1。

表 4-1　当 l/ω 较小时对应的形状效应系数

$\frac{l}{\omega}$	0.5	1.0	1.5	2.0	2.5	3.0	4.0
$f\left(\frac{l}{\omega}\right)$	0.37	0.675	0.841	0.923	0.967	0.984	0.996

4.1.2　霍尔器件的工作原理

如图 4-2 所示，在一个长度 l、宽度 ω、厚度为 d 的半导体霍尔片里，电流方向沿 x 方向，半导体中的载流子空穴在洛仑兹力作用下以平均速度 v 运动，洛仑兹力的大小为：

$$F = qvB \tag{4-3}$$

式中：q 为电子的电荷量，$q = 1.602177 \times 10^{-19}$ C；v 为载流子的定向运动速度；B 为磁通密度。

在洛仑兹力作用下，电子向 y 轴负向偏转，空穴向 y 轴正向偏转，在霍尔接触点处积累电荷，积累电荷产生一个电场与洛仑兹力平衡。这里假定 $l \gg \omega \gg d$，$\omega \gg s$，l 为 ω 的 4 倍甚至更大，其中 s 是霍尔电压触点的宽度。

当空穴沿 x 正方向以平均速度运行时，所受霍尔电场力与洛仑兹力平衡：

$$qE_H = qv_x B_z \tag{4-4}$$

电场强度与电势差之间有：

$$E_H = \frac{U_H}{\omega} \tag{4-5}$$

由此：
$$U_H = \omega E_H = \omega v_x B_z \tag{4-6}$$

流过半导体中的电流：
$$I_x = pqv_x\omega d \tag{4-7}$$

式中：p 为单位体积中的空穴数（或空穴浓度）；ωd 为与电流方向垂直的截面积。

将式(4-4)~(4-7)联立，可求得：
$$U_H = \omega E_H = \omega \frac{I_x B_z}{pq\omega d} = \frac{R_H I_x B_z}{d} \tag{4-8}$$

式中：$R_H = 1/pq$ 为霍尔系数，它是由材料性质决定的一个常数，它表示该材料产生霍尔效应能力的大小，R_H 的大小取决于导体的载流子密度。金属的自由电子密度太大，因而霍尔常数小，霍尔电势也小，所以金属材料不宜制作霍尔传感器。

对于 n 型半导体（电子导电），有：
$$R_H = -\frac{1}{nq} \tag{4-9}$$

式中：n 为电子的浓度。n 型半导体霍尔系数为负值，表明产生的霍尔电压极性与在 p 型半导体上产生的霍尔电压极性相反。设 $K_H = R_H/d$，则 K_H 为霍尔元件的灵敏度（灵敏系数）。

霍尔电压 U_H 可写为：
$$U_H = K_H IB \tag{4-10}$$

可见 K_H 表示一个霍尔传感器在单位控制电流和单位磁感应强度作用时所能输出的霍尔电势的大小。

由于材料的电阻率 ρ 与载流子的浓度和迁移率 μ 有关，即：
$$\rho = \frac{1}{n\mu q} \quad 或 \quad \rho = \frac{1}{p\mu q} \tag{4-11}$$

则有：
$$\rho = \frac{R_H}{\mu}, \quad R_H = \rho\mu \tag{4-12}$$

因此，要想获得较强的霍尔效应，就要求半导体材料的电阻率和载流子的迁移率要大。一般金属的载流子迁移率都很大，但电阻率很小，如金属 Cu 的电子浓度为 8.47×10^{28} e/m^3，而霍尔系数却非常小，约为 -0.5×10^{-10} m^3/C 左右；绝缘体的电阻率很高，但载流子浓度很低；只有半导体材料才是理想的霍尔效应器件材料。

霍尔电势不但与材料的电阻率和迁移率有关，而且还与材料的几何形状和尺寸有关。一般要求霍尔元件灵敏度越大越好，霍尔元件的灵敏度与厚度成反比。因此，厚度越薄，灵敏度越高。但也并不是越薄越好，因为元件减薄后，输出和输入阻抗将很大，这就必须降低激励电流，否则元件的功耗很大，并引起温升，对器件工作非常不利。

4.1.3 半导体中的霍尔效应

对于半导体材料,其霍尔系数 R_H 要比金属大 4～5 个数量级,这是由于半导体中,载流子浓度比金属的小很多。假定 $p \gg n$ 或者 $n \gg p$,则载流子为电子和空穴时,霍尔系数 R_H 的一般表达式为:

$$R_H = \frac{(p\mu_p^2 - n\mu_n^2)}{q(p\mu_p - n\mu_n)^2} \tag{4-13}$$

式中:μ_p 为空穴迁移率,单位为 $cm^2/(V \cdot s)$;μ_n 为电子迁移率(电子定向运动的平均速度),单位为 $cm^2/(V \cdot s)$。

一般情况下,材料的空穴和电子迁移率是不同的。如:

低掺杂、室温状态下的硅中:$\mu_p = 500\ cm^2/(V \cdot s)$,$\mu_n = 1400\ cm^2/(V \cdot s)$;

低掺杂、室温状态下的锗中:$\mu_p = 1800\ cm^2/(V \cdot s)$,$\mu_n = 3800\ cm^2/(V \cdot s)$。

半导体中电子迁移率比空穴迁移率高,因此 n 型半导体较适合于制造灵敏度高的霍尔传感器。不同的半导体材料的电子迁移率差别较大,目前用的较多的半导体材料有硅、锗、锑化铟和砷化铟等。

对于 p 型半导体,存在一个使半导体 $R_H = 0$ 的掺杂数值,即理论上可以使硅的区域对磁场不敏感。实际上在 $p \approx 8n$ 的情况下,$R_H = 0$。因此霍尔系数的实验值不同于简单的理论值,而是有一个修正因子 r,因为电子的漂移速度的分布受到晶格和杂质的散射,所以修正后的公式为:

$$R_H = \frac{-r_n}{nq} \quad (\text{n 型半导体}) \tag{4-14}$$

$$R_H = \frac{+r_p}{pq} \quad (\text{p 型半导体}) \tag{4-15}$$

式中:r 为霍尔散射因子,是无量纲量,在 0.8～2 之间,依赖于半导体类型和温度。如在低掺杂时,n 型硅 $r_n = 1.15$,p 型硅 $r_p = 0.7$。硅中霍尔效应的温度系数主要由霍尔散射因子 r 的温度系数决定,近似为 $-0.6\%/℃$,在实际霍尔效应器件中非线性度的典型值 <1%。

另外需要指出,磁感应强度 B 和霍尔元件平面法线 n 成 θ 角时,实际上作用于霍尔器件的有效磁场是其法线的分量 $B\cos\theta$,霍尔电势为:

$$U_H = K_H IB \cos\theta \tag{4-16}$$

当电流改变方向时,输出电势方向也随之改变;磁场方向改变时也是这样,但是电流和磁场方向同时改变时,则霍尔电势方向不变。

4.1.4 霍尔传感器

半导体薄片置于磁场中,当它的电流方向与磁场方向不一致时,半导体薄片上平行于电流和磁场方向的两个面之间产生电动势,该电动势称霍尔电势,半导体薄片称霍尔传感器。

霍尔传感器的结构很简单,如图 4-3 所示,从矩形薄片半导体基片上的两个相互垂直方向侧面上,引出一对电极,其中 1-1′电极用于加控制电流,称为控制电极。另一对 2-2′电极用于引出霍尔电势,称为霍尔电极。在基片外面用金属或陶瓷、环氧树脂等封装作为外壳。

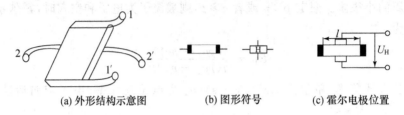

(a) 外形结构示意图　　(b) 图形符号　　(c) 霍尔电极位置

图 4-3　霍尔传感器

1. 霍尔传感器的设计

根据前面的分析,从霍尔效应器件设计的角度来看,需考虑下面几点:

(1) 霍尔电压正比于电流,因此,在没有高功率而希望获得高灵敏度的情况下,其他参数必须进行优化;

(2) 霍尔电压与磁通密度近似成线性关系;

(3) 霍尔电压反比于厚度,因此,厚度较薄可以得到高灵敏度;

(4) 霍尔电压反比于载流子浓度。

作为微机械的传感器,霍尔片可以有许多不同的设计,如图 4-4 所示,其中需要考虑的重要因素是:几何尺寸、加工工艺过程、灵敏性、零位电势、热漂移等等。在实际设计中,常采用 $l \approx \omega$,"金刚石"图形是经常采用的设计图形。

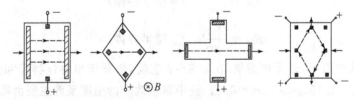

图 4-4　几种霍尔片的设计

由式(4-10)看出,当磁场和环境温度一定时,霍尔传感器输出的霍尔电势与控制电流 I 成正比。同样,当控制电流和环境温度一定时,霍尔传感器的输出电势与磁场的磁感应强度 B 成正比。当然,环境温度一定时,输出的霍尔电势与 I 和 B 的乘积成正比。用上述的一些线性关系可以制作多种类型的传感器。但要注意,只有磁感应强度小于 0.5 T 时,上述的线性关系才较好。

2. 霍尔传感器的主要特性

霍尔传感器的主要特性参数如下:

(1) 输入电阻和输出电阻。霍尔传感器工作时需要加控制电流,这就需要知道控制电极间的电阻,称之为输入电阻。霍尔电极输出霍尔电势,对外它是电源,这就需要知道霍尔电极之间的电阻,称之为输出电阻。测量以上两种电阻时,应在没有外加磁场和室温变化的条件下进行。

(2) 额定控制电流和最大允许控制电流。对于霍尔传感器,为保证其工作时温度不能太高,需要对控制电流进行限制。通常定义使霍尔传感器本身在空气中产生 10℃ 温升时所施加的电流为额定控制电流 I_H。如图 4-1 中,霍尔元件通以电流 I_H 时产生的焦耳热:

$$P = I_H^2 R = \frac{I_H^2 \rho l}{\omega d} \qquad (4\text{-}17)$$

而霍尔元件的散热主要由其两个表面(面积为 $l\omega$)承担,因此:

$$P_H = 2l\omega A \Delta t \qquad (4\text{-}18)$$

式中:A 为霍尔元件表面的散热系数;Δt 为限定的温升。

当霍尔元件产生的热量和散热相等时,可求得额定的控制电流:

$$I_H = \omega \sqrt{\frac{2d\Delta tA}{\rho}} \qquad (4\text{-}19)$$

以元件允许的最大温升为限制所对应的控制电流值称最大允许控制电流。因为霍尔电势随控制电流的增加而线性增加,所以实用中总是希望选用尽可能大的控制电流,因而需要知道元件的最大允许控制电流。当然,和许多电气元件一样,改善它的散热条件还可以增大它的最大允许控制电流值。

(3) 最大磁感应强度 B_m。磁感应强度超过 B_m 时,霍尔电压的非线性误差明显增大,数值一般小于零点几特斯拉。

(4) 零位电势 U_0 和零位电阻 r_0。零位电势是商业化器件的一个难题,所谓零位电势是指当霍尔传感器在额定控制电流下、无外加磁场时,它的霍尔电势应该为零,但实际不为零,这时测得的空载霍尔电势称为零位电势 U_0,或者称为零位电压。产生零位电势的主要原因是两个霍尔电极的位置不在同一等位面上,它是光刻加工的关键,如图 4-5 所示,零位电势是由霍尔电极 2-2′ 之间的电阻 r_0 决定的,r_0 称零位电阻。零位电势就是额定控制电流 I_H 流经零位电阻 r_0 产生的电压。而且,材料的不均匀或者研制工艺均可形成零位电势。低成本的塑料封装由于涂层塑料的冷却或固化,时常对硅切片施加一个机械力,它也可形成零位电势。这些常通过芯片修正来纠正,但是这一方法不能预补偿封装引入的应力。

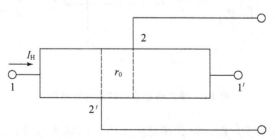

图 4-5 霍尔传感器零位电势示意图

(5) 寄生直流电势。当没有外加磁场,霍尔传感器用交流控制电流时,霍尔电极的输出除了交流不等位电势外,还有一个直流电势,称为寄生直流电势。控制电极和霍尔电极与基片的连接属于金属与半导体的连接,这种连接是非完全欧姆接触时,会产生整流效应。控制电流和霍尔电势都是交流时,经整流效应,它们各自都在霍尔电极之间建立直流电势。此外,两个霍尔电极焊点的不一致,造成两焊点热容量、散热状态的不一致,因而引起两电极温度不同产生温差电势,也是寄生直流电势的一部分。寄生直流电势是霍尔传感器零位误差的一部分。

(6) 霍尔电势温度系数。在一定磁感应强度和控制电流下,温度每变化1℃时,霍尔电势变化的百分率,称为霍尔电势温度系数。

3. 霍尔材料

霍尔片一般采用 n 型锗、锑化铟、砷化镓等半导体材料制成。InAs 器件的温度特性和线性度很好,InAsP 器件温度特性最好,InSb 器件的灵敏度好而温度特性较差,硅具有优越的高温性能。GaAs 是研制霍尔器件磁传感器非常有用的材料,由于 GaAs 材料的带隙大,一般工作温度超过 150℃,最高可达 250℃。AlGaAs/InGaAs/GaAs 和 InAlAs/InGaAs/GaAs 异质结构同样可用来获得高的灵敏度,且具有低的温度系数。这类材料,除可制作霍尔器件外,还可制作磁敏晶体管、半导体磁敏电阻等。使用这类材料制造出的霍尔器件,其灵敏度比用 InSb 薄膜制作的灵敏度高,且温度系数降低 2~3 个数量级,并可将霍尔器件的磁场分辨率提高至 10^{-11} T。

4. 霍尔传感器的测量电路、连接方式和输出电路

(1) 霍尔传感器的基本测量电路。图 4-6 所示是霍尔传感器的基本测量电路。控制电流 I 由电源 E 供给,电位器 R_W 调节控制电流 I 的大小。霍尔传感器输出接负载 R_L,R_L 可以是放大器的输入电阻或者是显示仪表和记录装置的内阻。在测量中,可以把 I,或者 B,或者 $I \times B$ 作为输入信号,则霍尔传感器的输出电势 U_H 应正比于 I,或者 B,或者 $I \times B$。

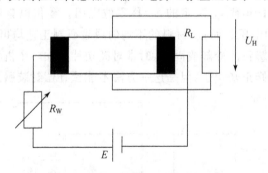

图 4-6 霍尔传感器的基本测量电路

(2) 霍尔传感器的连接方式。为了获得较大的霍尔输出电压,可以采用几片霍尔传感器叠加的连接方式,如图 4-7 所示。

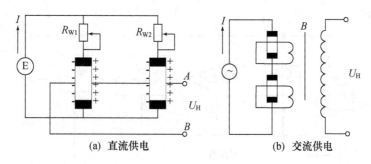

(a) 直流供电　　　　　(b) 交流供电

图 4-7　霍尔传感器的输出叠加方式

图 4-7(a)所示为直流供电情况。控制电流端并联，由 R_{W1} 和 R_{W2} 调节两个元件的输出霍尔电势 U_H，使两元件输出的霍尔电势相等。A、B 为输出端，它的输出电势为单个霍尔元件的 2 倍。

图 4-7(b)所示为交流供电情况，控制电流端串联，各元件输出端接输出变压器 B 的初级绕组；变压器的次级便得到霍尔电势信号的叠加值。

(3) 霍尔传感器的输出电路。霍尔传感器有分立型和集成型两类。分立型又有单品和薄膜两种，集成型又有线性霍尔集成传感器和开关霍尔集成传感器两类。集成型霍尔传感器因体积小、温度漂移小、灵敏度高和输出电压大等优点，在检测和自动控制技术中得到了广泛的应用。

霍尔器件是一种四端器件，本身不带放大器，而霍尔电势一般是毫伏量级，所以实际使用中必须加差分放大器。

① 线性霍尔集成传感器。线性霍尔集成传感器的输出电压与外加磁场强度在一定范围内呈线性关系，广泛应用于位置、力、重量、厚度、速度、磁场和电流等的测量和控制。这种传感器具有单端输出和双端输出（差动输出）两种电路，如图 4-8 所示。

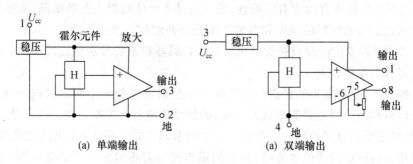

(a) 单端输出　　　　　(a) 双端输出

图 4-8　线性霍尔集成传感器结构

② 开关霍尔集成传感器。开关霍尔集成传感器是以硅为材料，利用平面工艺制造而成。因为 n 型硅的外延层材料很薄，故可以提高霍尔电压 U_H。用硅平面工艺技术将差分放大器、施密特触发器以及霍尔传感器集成在一起，可以大大提高传感器的灵敏度。其内部结

构如图 4-9 所示。

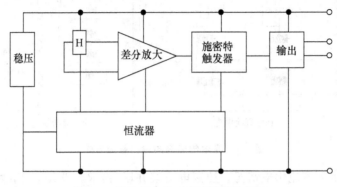

图 4-9　开关霍尔集成传感器结构框图

霍尔效应产生的电势由差分放大器进行放大,随后被送到施密特触发器。当外加磁场 B 小于霍尔传感器磁场的工作点 B_{OP} 时,差分放大器的输出电压不足以开启施密特触发电路,驱动晶体管 T 截止,霍尔传感器处于关闭状态。当外加磁场 B 大于或等于 B_{OP} 时,差分放大器的输出增大,启动施密特触发电路,使驱动晶体管 T 导通,霍尔传感器处于开启状态。若此时外加磁场逐渐减弱,霍尔开关并不立即进入关闭状态,而是逐渐减弱至磁场释放点 B_{RP},使差分放大器输出电压降到施密特电路的关闭阈值,晶体管才由导通变为截止。

霍尔传感器的磁场工作点 B_{OP} 和释放点 B_{RP} 之差称为磁感应强度的回差宽度 ΔB。B_{OP} 和 ΔB 是霍尔传感器的两个重要参数。B_{OP} 越小,元件的灵敏度越高;ΔB 越大,元件抵抗干扰能力越强,外来杂散磁场干扰不易使其产生误动作。

5. 霍尔传感器的误差分析与补偿

霍尔传感器在实际使用中,存在各种因素影响其测量精度。产生这些误差的主要因素有两类:一类是半导体本身所固有的特性;另一类是半导体制造工艺的缺陷,其表现为零位误差和温度误差。因此对零位误差和温度误差进行补偿是非常必要的。

(1) 霍尔传感器零位误差及补偿方法。霍尔传感器在不加控制电流或不加外磁场时出现的霍尔电势称为零位误差。

在直流控制下,零位电势的量值与极性决定于控制电流的大小和方向;在交流控制下,零位电势的量值和相位则随控制电流而改变,而且零位电势与控制电流的关系是非线性的。另外,零位电势还受到温度的影响。所有这一切因素都造成了补偿零位电势的困难和程度。

在分析霍尔传感器的零位电势时,可以把霍尔传感器等效成一个四臂电桥,如图 4-10 所示。如果两个霍尔电极 A、B 处于同一等位面上,则桥路处于平衡状态,即 $R_1=R_2=R_3=R_4$,则零位电势 $U_0=0$;如果两个霍尔电极不在同一等位面上,电桥不平衡,零位电势 $U_0\neq 0$,此时,根据 A、B 两点电势高低,判断应在某一桥臂上并联一个电阻,使电桥平衡,从而消除零位电势。因此,所有能够使电桥达到平衡的方法都可以对零位电势进行补偿。

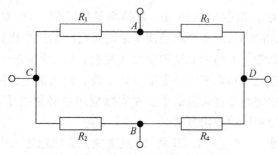

图 4-10　霍尔传感器的等效电路图

如图 4-11(a)所示是不对称补偿电路,补偿电阻 R_W 与霍尔传感器等效桥臂电阻的电阻温度系数一般都不相同,因此工作温度变化后原补偿关系将遭到破坏。但这种电路结构简单,调整方便,能量损失又小,而且在零位电势不大时,这种电路不会降低输出的霍尔电势。如图 4-11(b)、(c)、(d)三种电路都是对称电路,因而在温度变化时补偿的稳定性要好些。但图 4-11(b)、(c)所示电路减小了霍尔传感器的输入电阻,增大了输入功率,降低了霍尔电势的输出。图 4-11(d)所示电路在保证霍尔电势输出不降低方面比图 4-11(c)所示电路要好一些,但它要求霍尔传感器必须要做成五端元件。图 4-11(e)所示为具有温度补偿的零位电势补偿电路。零位电势可以表示为 $U_0 = U_{0L} + \Delta U_0$,式中 U_{0L} 是相应的工作温度下限时的零位电势,ΔU_0 是零位电势 U_0 随温度变化的部分。要在整个工作温度范围补偿零位电势,补偿分量必须有两部分:一是恒定补偿部分,它补偿温度下限时的零位电势 U_{0L},二是随温度变化的补偿部分,它补偿由温度变化所引起的零位电势增量 ΔU_0。这种电路的优点是补偿调节过程简单,补偿电势的两个部分彼此单独调节,互不影响,所以可以达到相当高的精度。

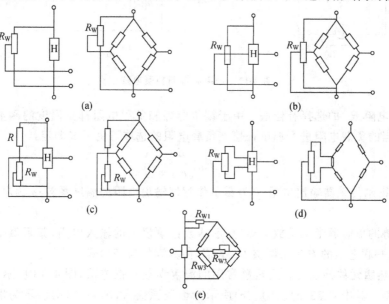

图 4-11　零位电势补偿电路

(2) 温度误差及补偿。霍尔传感器与一般的半导体元件一样,对温度的变化很敏感。这是由于半导体材料的电阻率、迁移率和载流子浓度等都随温度变化而变化,因此会导致霍尔传感器的内阻、霍尔电势等也随着温度的变化而变化,从而使霍尔传感器产生温度误差。不同材料制成的霍尔传感器,其霍尔电势温度系数不同。锑化铟对温度最敏感,温度系数最大,其次是贵、锗,而砷化铟的温度系数最小。在实际应用中必须用适当的电路对温度误差进行补偿,这里介绍几种常见的补偿方法。

① 采用恒流源控制。由 $U_H = K_H BI$ 可知,温度变化会引起输入电阻的变化,而输入电阻的变化又会使控制电流发生变化,最后影响到霍尔电势。为减小这种影响,可采用恒流源,如图 4-12 所示。为进一步提高 U_H 的稳定性,可以在输入端并联一适当电阻 R,图 4-12(a)是一种最简单的恒流源电路,电阻 R 称为补偿电阻,其阻值可由下式决定:

$$R = R_{in} \frac{\beta - \alpha - \gamma}{\alpha} \tag{4-20}$$

式中:R_{in} 为霍尔传感器输入电阻;α 为霍尔电势温度系数;β 为霍尔传感器输入电阻温度系数;γ 为补偿电阻温度系数。

图 4-12(b)给出了一种简单的晶体管恒流源电路,通过调节 R_W 可改变控制电路的大小。

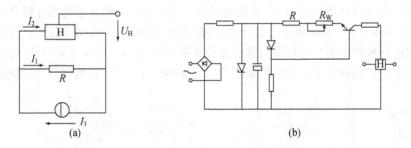

图 4-12 恒流源控制补偿电路

② 负载电阻 R_L 的选择补偿法。由于霍尔电势和负载电阻都是温度的函数,因而可以通过选取适当的负载电阻进行温度补偿。负载电阻的选取可由下式确定:

$$R_L = R_O \left(\frac{\beta}{\alpha} - 1 \right) \tag{4-21}$$

式中:R_O 为霍尔传感器输出电阻;β 为霍尔传感器输出电阻的温度系数;α 为霍尔电势温度系数。

霍尔电势的负载通常都是放大器、显示器或记录仪表的输入电阻,其阻值是一定的,但可以用串联、并联电阻的方法来调整 R_L 的值,使其满足(4-21)式。

③ 采用热敏元件补偿法。这是最常用的温度误差补偿方法,图 4-13 所示是几种最常用的补偿电路。其中 4-13(a)、(b)、(c)所示为恒压源输入,图 4-13(d)所示为恒流源输入,R_i 为恒压源内阻。$R(t)$ 和 $R'(t)$ 为热敏电阻,其温度系数的正、负和数值要与 U_H 的温度系

数配合选用。比如对于图(b),如果U_H的温度系数为负值,随着温度上升,U_H要下降,则需要选用电阻温度系数为负的热敏电阻$R(t)$,当温度上升,$R(t)$变小,流过器件的控制电流变大,使U_H回升,若$R(t)$的阻值选用适当,就可以使U_H在精度允许范围内保持不变。

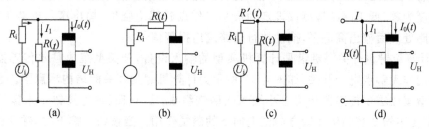

图 4-13 采用热敏元件的温度补偿电路

6. 霍尔传感器的应用举例

(1) 霍尔式计数装置。霍尔式集成传感器 UGN-3501T 具有较高的灵敏度,能感觉到很小的磁场变化,因而能检测黑色金属的有无及个数,利用这一特性可制成钢球计数装置。其基本工作原理是:当钢球滚过霍尔传感器位置时,传感器输出一个峰值为 20 mV 的脉冲,此脉冲信号经 μA741 放大后驱动 2N5812 三极管,使之完成导通、截止过程。把计数器接于 2N5812 输出端即可构成计数器。图 4-14 就是其对钢球进行计数的工作示意图和电路图。

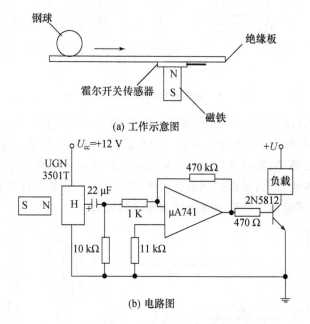

图 4-14 钢球进行计数的工作示意图和电路图

(2) 霍尔式图书磁条检测仪。现在的图书馆大多采用开架借阅的方式,图书失窃现象常常发生。由霍尔集成传感器(UGN3501)为核心元件制成的图书磁条检测仪能检测图书中磁条有无经过图书管理人员的消磁,还能够检测图书中磁条的有无。没有经过消磁的磁条,其磁感应强度较大,超过磁条检测仪设定的最大工作点磁感应强度,输出较大的霍尔电势,经过放大电路处理后输出高电平,推动执行电路发出报警信号;当图书磁条被抽出后,其磁感应强度为零,低于磁条检测仪设定的最小工作点磁感应强度,输出霍尔电势为零,经反向放大电路处理后输出高电平,推动执行电路发出报警信号。

(3) 计算机键盘开关。键盘是计算机典型的输入设备,开关型集成霍尔传感器在计算机键盘中用作无触点电子开关,如图4-15所示为计算机键盘开关的结构示意图。它主要由一个开关型集成霍尔传感器和两个小块永久磁铁组成,图4-15(a)为按钮1未按下时的示意图,霍尔传感器2受到磁力线方向由上向下的磁场作用。当按钮1按下时,磁铁位置变化到如图4-15(b)所示位置,此时霍尔传感器受到磁力线方向由下向上的磁场作用,这样就使霍尔传感器在按钮按下前后输出不同的状态,来自键盘的输入信号将被后面的逻辑电路判别后送入计算机内部。由霍尔传感器构成的键盘开关具有工作稳定、性能可靠、寿命长久的特点。

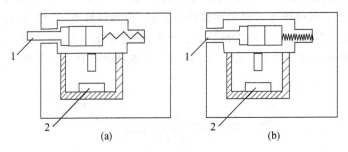

图 4-15 计算机键盘开关结构示意图

(4) 霍尔式微压力传感器。霍尔式微压力传感器的原理示意图如图4-16所示,主要由霍尔元件1、磁铁2和弹性波纹膜盒3组成。当有压力作用在弹性波纹膜盒上时,弹性波纹膜盒膨胀使杠杆向上移动,从而使作用在霍尔元件上的磁场大小及方向发生变化,引起传感器输出电势的大小发生变化,从而检测出压力的大小。由于霍尔元件和弹性波纹膜盒的灵敏度很高,所以霍尔式微压力传感器常用于微压力的检测。

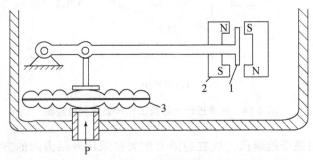

图 4-16 霍尔式微压力传感器的原理示意图

4.2 磁阻效应器件

4.2.1 磁阻效应

材料在磁场中电阻发生变化的现象称为磁阻效应。磁阻效应分为基于霍尔效应的半导体磁阻效应、金属磁性材料中出现的各向异性磁阻效应(anisotropic magneto resistance, AMR)以及巨磁电阻效应(gigant magneto resistance, GMR)。磁电阻现象早在1856年就为英国物理学家 Wiliam Tgonson(Lord Kelvin)发现,但是直到本世纪20年代量子力学建立后,科学家才能解释该现象的成因。

1. 半导体磁阻效应

半导体材料的电阻在外加磁场的作用下发生变化的现象,称为半导体磁阻效应。这一效应主要是由于洛仑兹力使电流方向偏转一个角度造成的。在两端设置电流电极的霍尔片中,电荷载流子具有不同的速度,由于外界磁场的存在,电荷载流子受到的洛仑兹力也不同。对某些载流子,其洛仑兹力大于平衡的霍尔电场力,而另一些载流子的洛仑兹力小于平衡的霍尔电场力,因此改变了电流的分布,电流所流经的途径变长,导致电极间的电阻值增加,这就是磁阻效应,如图4-17所示。

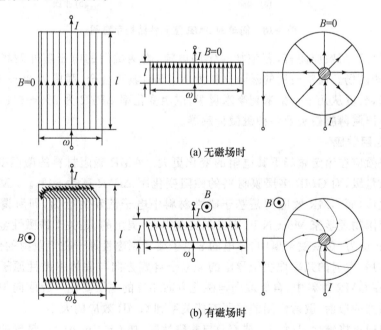

图 4-17 磁阻效应示意图

在利用磁阻效应的元件中,半导体材料的载流子迁移率必须很高。磁阻效应在硅中是非常小的,然而在其他一些高载流子迁移率的材料中却是显著的,比如 InSb。InP 也是一种很有前途的材料,铁电材料同样也展示出大的磁阻效应。

2. 各向异性磁阻效应

对于金属磁性材料 Fe、Co、Ni 及其合金,当外磁场的方向平行于磁体内部的磁化方向时,电阻几乎不随外磁场改变,但若外磁场偏离内磁化的方向时,电阻减小。这种因外磁场作用而使电阻出现各向异性的现象称为各向异性磁阻效应。各向异性磁阻效应是由于在外部磁场的作用下,磁性体内的磁化旋转、电子的分布状态发生变化,以及电传导电子的散射减小而产生的。对于这些材料而言,当磁场达到 500 A/m 左右时电阻发生急剧变化,并在此磁场以上达到饱和,因此成为低磁场检测用的高灵敏度材料。图 4-18 为薄膜磁阻元件制作的最简单的各向异性磁阻效应元件的示意图,对于强磁性金属,电阻率 ρ 依赖于强磁性体内的磁化强度 M 和电流 I 方向之间的夹角 θ。

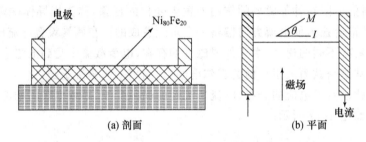

图 4-18 简单的 AMR 型元件结构示意图

对各向异性磁阻效应而言,若施加一定的电流,则两端间的电压随外磁场的变化而变化,从而可检测磁场。通常使用的磁阻材料为 $Ni_{80}Fe_{20}$ 坡莫合金,膜厚为 30~300 nm,宽度为几十个微米,长度从几十个微米到毫米量级,磁阻变化率 $\Delta R/R$ 为 2%~6%,利用各向异性磁阻效应可研制薄膜磁头及各种磁微传感器。

3. 巨磁电阻效应

巨磁电阻效应在给定磁场下其电阻的变化更大。AMR 磁阻材料的磁阻变化率 $\Delta R/R$ 在 2%~6% 数量级,而 GMR 多层膜材料的磁阻变化率 $\Delta R/R$ 高达 50%。AMR 效应是基于洛仑兹力效应,而 GMR 效应则是基于磁性材料中电子流动的行为,即所谓的二流体模型。它是由英国物理学家 Mott N F(诺贝尔奖获得者)提出的,是关于铁磁性金属导电的理论。Mott N F 认为,在铁磁金属中,导电的 s 电子要受到磁性原子磁矩散射的作用,即与局域的 d 电子作用;散射的几率取决于导电的 s 电子自旋方向与固体中磁性原子磁矩方向的相对取向,即在 GMR 材料中,自旋取向与磁化方向相反的电子要比自旋取向与外场平行的电子受到更强烈的散射,散射作用的强弱直接关系到 GMR 效应的大小。

人们发现通过将磁性层(如 Fe 或 Co)与非磁性层(如 Cr,Cu,Ag)以精确的厚度进行多层化,相邻磁性层能够实现反铁磁性层耦合。研究表明,多层膜中产生 GMR 效应需满足如下条件:

(1) 相邻磁性层磁矩的相对取向能够在外加磁场下发生改变,即体系的磁化状态在外磁场的作用下发生变化;

(2) 每一层的厚度要远小于电子的平均自由程;

(3) 自旋向上和自旋向下的两种电子的散射几率差异很大。

另外,GMR 多层膜中存在一种数值随非磁性层厚度变化而周期性振荡的现象,这已成为多层膜体系中 GMR 的特性。

因为多层膜中产生 GMR 的驱动磁场很高,给应用带来许多不便,所以科学家们一方面在设法降低材料的饱和磁场,另一方面继续寻找低饱和磁场和高磁场灵敏度的材料。

1991 年 IBM 的 Dieny 等提出了 GMR 自旋阀多层膜的概念,他们认为,两磁性薄膜中磁矩的相对取向,可以通过某些手段钉扎一层,使另一层磁矩自由取向。Dieny 等将自旋阀多层膜的饱和磁场降至几十安培每米(A/m),并率先进入实用化。自旋阀多层膜的 GMR 比值不是很大,约 3% 左右,饱和磁场只有几个奥斯特(Oe),但是磁场灵敏度很高。图 4-19 给出了自旋阀多层膜结构示意图及 GMR 曲线。

自旋阀多层膜结构显著地提高了磁场灵敏度,降低了饱和磁场,已成功用于高密度磁头,但是 GMR 比值相对较小。

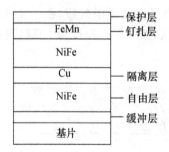 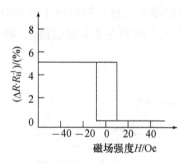

图 4-19　自旋阀多层膜结构示意图及 GMR 曲线

[$1\,\text{Oe} \triangleq (1000/4\pi)\,\text{A} \cdot \text{m}^{-1}$]

在多层膜中产生 GMR 效应被发现 8 年之后,美国的 U. C. San Diego 和 Johns Hopkins 的科学家们同时在异质 CoCu 合金中发现了 GMR 效应,后来被称为颗粒膜巨磁电阻效应。这里的颗粒膜是指纳米微粒镶嵌于薄膜中形成的复合纳米材料,如 Fe、Co 微粒弥散于 Ag、Cu 薄膜中,形成 Fe-Ag、Co-Ag、Co-Cu 等颗粒膜,因为 Fe、Co 与 Ag、Cu 固溶度很低,不形成合金和化合物,所以以微颗粒的形式弥散于薄膜中。控制颗粒膜中组成比例、颗粒尺寸及形态,可以对颗粒膜的特性进行人工控制。颗粒膜中巨磁电阻效应的来源与多层膜相似,电子在颗粒膜中运输时将受到磁性颗粒与自旋相关的散射,该散射源于磁性颗粒的体散射及其表面(界面)的散射。实验与理论研究表明,颗粒膜中的巨磁电阻效应主要来源于表面散射或界面散射,它与颗粒直径成反比。目前颗粒膜中的巨磁电阻效应的研究主要分两个系列,一种是 Ag 系,如 Co-Ag、FeNi-Ag 等;另一种是 Cu 系,如 Co-Cu、FeCo-Cu 等。颗粒膜中的巨磁电阻效应以 Co-Ag 系为最高,室温下可达 20%,而目前实用的 AMR 磁性薄膜仅为 2%~3%,但颗粒膜的饱和磁场较高,降低颗粒膜磁电阻饱和磁场,提高磁场灵敏度是颗粒膜研究的主要目标。最近,在 FeNi-Ag 颗粒膜中发现最小的磁电阻饱和磁场约为 32 kA/m,这为颗粒膜向实用化的发展加快了进程。

另外,科学家们通过磁场退火来降低磁性多层膜、颗粒膜和自旋阀多层膜的饱和磁场和提高 GMR 材料的磁场灵敏度,并取得了显著的成效。

4.2.2 磁阻器件

磁阻器件是基于磁阻效应的磁敏元件。它的应用范围较广,可以利用它制作成磁场探测仪、位移和角度检测器、安培计以及磁敏交流放大器等。

1. 磁阻传感器的结构

磁阻传感器主要有长方形磁阻元件、栅格型磁阻元件、科宾诺元件以及 InSb-NiSb 共晶磁阻元件。

图 4-20(a)所示为长方形磁阻元件的结构图,长度 l 大于宽度 ω,在左右两端制作上电极,构成两端器件。

图 4-20(b)所示为栅格型磁敏电阻的结构图。为了提高磁阻效应,在一个长方形磁敏电阻的长度方向上淀积许多金属短路条,将它分割成宽度都为 ω、长度为 l 且满足 $\omega \gg l$ 的许多子元件。

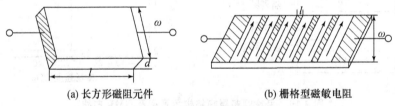

(a) 长方形磁阻元件　　　　(b) 栅格型磁敏电阻

图 4-20　磁阻元器件结构图

InSb-NiSb 晶体的特点是在 InSb 内平行地排列高导电性针状晶体 NiSb,故可用 NiSb 针状晶体代替栅格金属条,起到短路霍尔电压的作用。用这种共晶构成的霍尔片如图 4-21 所示。

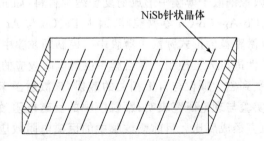

图 4-21　InSb-NiSb 元件结构图

2. 磁阻传感路的温度补偿电路

磁阻器件的灵敏度随温度变化大,故必须进行温度补偿。目前常用的磁阻元件材料为 InSb,它是一种受温度影响极大的材料。材料的磁场灵敏度越高,受温度的影响也越大,必须根据用途进行有效的温度补偿。如图 4-22 所示为采用两个磁敏电阻串联或一个热敏电阻与磁敏电阻串连的方式进行温度补偿。图 4-22 中,U_N 为基准电位;R_T 为热敏电阻。

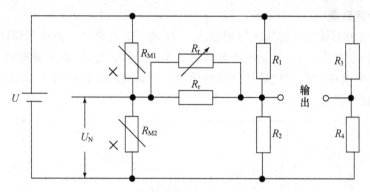

图 4-22 磁阻传感器的电桥型温度补偿电路

如图 4-23 所示是磁敏电阻的基本应用电路。图 4-23(a)所示为单个磁敏电阻应用时的接法,磁敏电阻 R_M 与普通电阻 R_P 串联再接到电源 E 上。

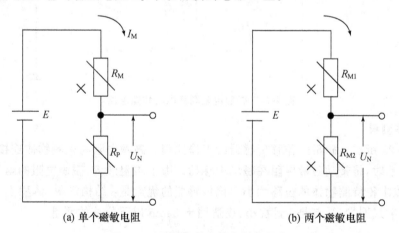

(a) 单个磁敏电阻　　　　　　　　(b) 两个磁敏电阻

图 4-23 磁敏电阻的基本测量电路

普通电阻 R_P 用于取出变化的磁阻信号。流经磁敏电阻 R_M 的电流 I_M 经过普通电阻 R_P 变为电压:

$$I_M = \frac{E}{R_M + R_P} \tag{4-22}$$

$$U_M = I_M R_P = \frac{E R_P}{R_M + R_P} \tag{4-23}$$

图 4-23(b)所示是两个磁敏电阻 R_{M1} 和 R_{M2} 串联的电路结构,从串联磁敏电阻的中点得到输出信号。这种接法具有一定的温度补偿作用,广泛应用于与机电有关的机构中或作为非接触式磁性分压器。

4.2.3 磁阻传感器的应用举例

1. 电机转速测量

采用磁敏电阻测量电机转速的原理如图 4-24 所示。电路中 a 点电压随转速而改变,用运放放大 a 点的变化电压,目的是减小放大器的零点漂移。另外,因磁敏电阻工作时加有偏磁,可以获得与转速随时间变化趋势相同的信号。在运放的输出端接入示波器或者计数器,就可以测量电机的转速。

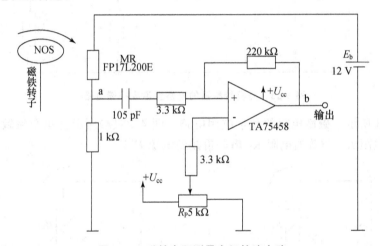

图 4-24 磁敏电阻测量电机转速电路

2. 位移测量

如图 4-25 所示为磁阻式位移传感器的工作原理。磁敏电阻与被测物体连接在一起,当待测物体移动时,将带动磁敏电阻在磁场中移动。由于磁阻效应,磁敏电阻的阻值将发生变化,据此可以求得待测物体的位移大小。该传感器的优点是:结构简单、体积小、精度高、可以实现非接触式测量;缺点是:量程小,仅适用于 5 mm 以下位移的测量。

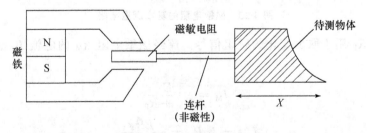

图 4-25 磁阻式位移传感器结构示意图

3. 磁阻式无触点开关

如图 4-26 所示为使用磁阻元件的无触点开关传感器电路。当磁阻元件接近永久磁铁时,会使元件的阻值增大,而由于磁阻元件的输出信号大,所以无需再将信号放大就可以直接驱动功率三极管,进而实现无触点开关的功能。

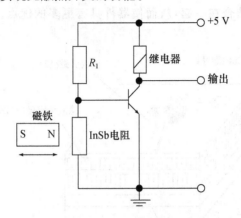

图 4-26 磁阻式无触点开关传感器电路

4. 磁记录读出头

薄膜磁记录磁头普遍用于磁盘驱动器,早期的磁记录是采用薄膜感应磁头进行写入和读出的,随着记录密度的提高,感应读出头的输出信号受到限制。而磁阻读出头采用磁阻效应读出信息,它只依赖记录介质的磁场强度,与相对速度无关,因而备受关注。

最典型的磁阻读出头是近邻软磁偏置型。该结构是一个三层结构,包括(magneto resistance 磁阻,MR)材料,非磁性层和软磁层。MR 材料由磁阻层 NiFe、永磁层 FeMn 和 Mo 构成,非磁性层一般为 SiO_2 和 Al_2O_3,软磁层为 NiFe。图 4-27 为磁阻读出头的结构示意图。MR 元件中的电流在磁性薄膜 NiFe 中产生了磁场,并耦合到 MR 层。磁性薄膜的作用是在 MR 元件产生磁场偏置,与磁记录介质成 45°角。这一偏置使 MR 元件工作在线性区域。存储介质产生的磁场能够影响这一线性区域,磁阻元件的电阻也发生变化。MR 偏置还有其他几种方式,关于这方面的详细讨论请参阅参考文献。典型的 MR 头具有的灵敏度以 $\Delta R/R$ 表示,为 2% 左右,最高可达 6%,随磁盘记录密度的增加灵敏度下降。

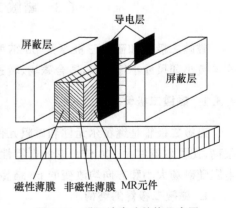

图 4-27 磁阻读出头结构示意图

MR头比感应头的灵敏度高几倍,当磁存储密度增加到Gbit·in^{-2}(1 in=2.54 cm)时,比特尺寸变得更小,对于一定的信噪比SNR,这一灵敏度受到限制。MR头的优点是信号的幅值依赖于磁场的绝对值,而不是磁通随时间的变化率(而感应磁头却正相反),因此,读出信号的幅值在整个盘的半径内是基本恒定的,然而MR头只能读出,不能写入。为了实用,MR头与感应头通常结合在一起,从而使器件具有更多的优点。图4-28为组合式磁阻头-感应头结构示意图。

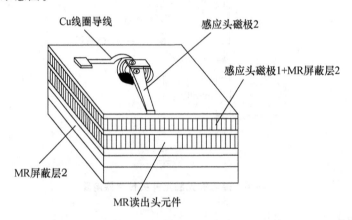

图4-28 组合式磁阻头-感应头结构示意图

另外,采用GMR多层膜和自旋阀材料可研制各种磁传感器,如电流传感器、磁耦合传感器、精密磁场传感器、汽车轮速传感器以及生物磁场传感器等。

4.3 磁敏二极管和磁敏三极管

磁敏二极管和磁敏三极管是pn结型的磁电转换元件,具有信号输出大、灵敏度高、工作电流小和尺寸小等优点,适合磁场、转速等方面的检测和控制。

4.3.1 磁敏二极管

磁敏二极管是继霍尔元件和磁阻元件后发展起来的一种新型半导体磁敏元件,灵敏度很高,比霍尔器件大100倍。它的电特性随外部磁场的改变而显著变化,实际上,它是一种电阻随磁场大小和方向均改变的pn结型二端器件,是利用磁阻效应进行磁电转换的。

1. 磁敏二极管的结构

磁敏二极管的结构如图4-29所示,符号如图4-30所示。磁敏二极管的p型和n型电极由高阻材料制成,在p、n之间有一个较长的本征区i,本征区i的一侧磨成光滑的复合表面(r区),另一面打毛,设置成高复合区(i区),因为电子-空穴对易于在粗糙表面复合而消失,当通以正向电流后就会在p、i、n结之间形成电流。

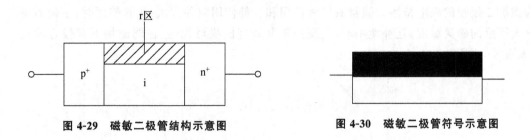

图 4-29 磁敏二极管结构示意图　　　　图 4-30 磁敏二极管符号示意图

2. 磁敏二极管的工作原理

一个磁敏二极管是由一个 p^+-i-n^+ 结构组成的,给磁敏二极管施加正向偏压,即 p^+ 区接电源正,n^+ 区接电源负。当磁敏二极管未受到外界磁场作用时,如图 4-31(a),则有大量的空穴从 p^+ 区通过 i 区进入 n^+ 区,同时也有大量的电子从 n^+ 区通过 i 区进入 p^+ 区,形成电流。只有少量的电子和空穴在 i 区或 r 区被复合掉。此时 i 区有固定的阻值,器件呈稳定状态。

当磁敏二极管受到外界正磁场 B^+ 的作用时,如图 4-31(b)所示,电子和空穴受到洛仑兹力的作用向 r 区偏转,由于空穴和电子在 r 区的复合速率大,因此载流子被复合掉的数目比没有磁场时大得多,从而使 i 区的载流子数目减少,电流减小,i 区电阻增大,i 区的电压降也增加,使 p^+ 与 n^+ 结的结电压减小,导致注入到 i 区的载流子的数目减少,其结果使 i 区的电阻继续增大,其压降也继续增大,从而形成正反馈过程,直到进入某一动平衡状态为止。

当磁敏二极管受到外界反向磁场 B^- 的作用时,如图 4-31(c)所示,电子和空穴受到洛仑兹力的作用而偏离高复合区 r 区,电子和空穴的复合率明显减小,电流变大,i 区电阻减小,其电压降也减小,相应地 p^+ 与 n^+ 结的结电压就增大,导致注入载流子进一步增加,电流也进一步增大,最后直至电流达到饱和为止。

总之,在正向偏压下,加正向磁场和反向磁场时,pin 管的正向电流发生了很大的变化,而且磁场的大小不同,电流变化也不同。

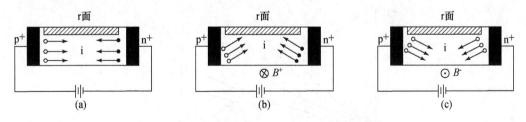

图 4-31 磁敏二极管工作原理示意图

3. 磁敏二极管的主要特性

(1) 磁电特性。在给定条件下,磁敏二极管输出的电压变化 ΔU 与外加磁场 B 的关系称为磁敏二极管的磁电特性。通常有单独使用和互补使用两种方式,单独使用时,正向磁灵敏度大于反向磁灵敏度;互补使用时,正反向磁灵敏度曲线对称,且在弱磁场下有较好的线性,如图 4-32 所示。

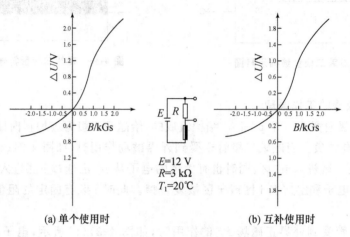

(a) 单个使用时　　　　　(b) 互补使用时

图 4-32　磁敏二极管的磁电特性

[1 Gs = 10^{-4} T]

(2) 伏安特性。磁敏二极管正向偏压 U 和通过磁敏二极管电流 I 的关系称为磁敏二极管的伏安特性。磁敏二极管在不同磁场强度 B 作用下,其伏安特性不同。图 4-33 所示为锗磁敏二极管的伏安特性,其中,$B=0$ 的曲线表示二极管不加磁场的情况,B^+ 和 B^- 表示磁场的方向相反。

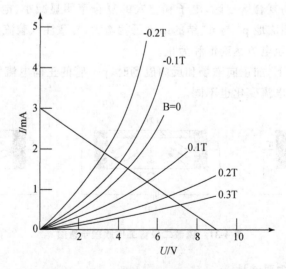

图 4-33　磁敏二极管的伏安特性

(3) 温度特性。温度特性是指在标准测试条件下，输出电压变化量 ΔU 随温度 T 变化的规律，如图 4-34 所示。显然，磁敏二极管受温度影响较大。

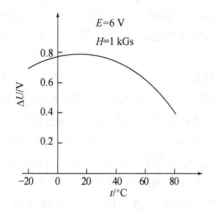

图 4-34　磁敏二极管的温度特性

4．磁敏二极管的温度补偿电路

因为磁敏二极管受温度影响较大，所以在实际使用中，必须对磁敏二极管进行温度补偿。常用的温度补偿电路有互补式、差分式、全桥式和热敏电阻式四种补偿电路，如图 4-35 所示。

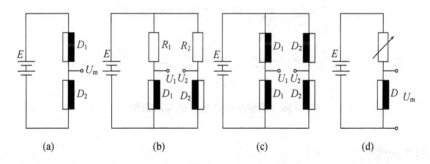

图 4-35　磁敏二极管温度补偿电路

(1) 互补式电路。对于单只磁敏二极管的使用，互补电路选用两只性能相近的磁敏二极管，按相反磁极性组合，并把它们串接在电路中，就形成了互补电路。如图 4-35(a)所示。无论温度如何变化，分压比总保持不变，输出电压 U_m 随温度变化而始终保持不变，这样就达到了温度补偿的目的，并且可以提高磁灵敏度。

(2) 差分式电路。差分式补偿电路如图 4-35(b)所示，它不仅可以很好地实现温度补偿，提高灵敏度，而且，还可以弥补互补电路不能对具有负阻现象的磁敏二极管进行温度补偿的不足。如果电路不平衡，可适当调节电阻 R_1 和 R_2。

(3) 全桥电路。全桥电路是将两个互补电路并联而成如图 4-35(c)所示。和互补电路一样,其工作点只能选在小电流区,且不能使用有负阻特性的磁敏二极管。该电路在给定的磁场下,其输出电压是差分电路的两倍。

(4) 热敏电阻式电路。该电路如图 4-35(d)所示,利用热敏电阻随温度的变化而使磁敏二极管 D 的分压系数不变,从而实现温度补偿。该电路成本比上述三类电路成本低,是常用的温度补偿电路。

5. 磁敏二极管的应用举例

磁敏二极管主要在磁场测量、大电流测量、直流无刷马达、磁力探伤、接近开关、程序控制、位置控制、转速测量、速度测量和各种工业过程自动控制等技术领域中应用。

例如,一般电位器在使用时由于触点的原因,常产生噪声信号,而且寿命不长,使用磁敏元件制作的无触点电位器可以克服该缺点。图 4-36 所示是无触点电位器的结构示意图。其中磁敏元件可使用磁敏二极管或霍尔线性传感器。将磁敏元件放置在单个磁铁的下方或两个磁铁之间,当旋动电位器手柄时,磁铁跟着转动,从而使磁敏元件表面的磁感应强度也发生变化,这样,磁敏元件的输出电压将随着手柄的转动而变化,起到电位调节的作用。

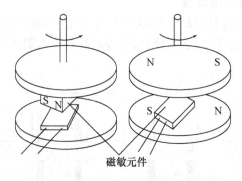

图 4-36　无触点电位器的结构示意图

4.3.2　磁敏三极管

磁敏三极管有 NPN 型和 PNP 型结构,按照半导体材料又可以分为锗磁敏三极管和硅磁敏三极管。它们都是在磁敏二极管的长基区基础上设计和制造的,属于结型磁敏晶体管,也叫长基区磁敏晶体管。

1. 磁敏三极管的结构

图 4-37 所示为磁敏三极管的结构示意图。它是在弱 p 型准本征半导体上用合金法或扩散法形成三个极,即发射极 e,基极 b,集电极 c,其最大特点是基区较长,基区结构类似磁敏二极管,有高复合速率的 r 区和本征 i 区。基区分为输运基区和复合基区。在射极和长基区之间的一个侧面制成一个高复合区 r。其电路符号如图 4-38 所示。

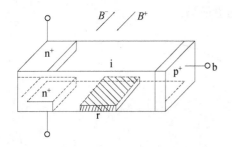
图 4-37 磁敏三极管结构示意图

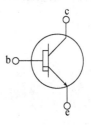
图 4-38 磁敏三极管符号示意图

2. 磁敏三极管的工作原理

图 4-39(a)是当磁敏三极管未受磁场作用时,由于 i 区宽度大于载流子有效扩散长度,大部分载流子到达基极,形成基极电流,少数载流子输入到达集电极,由此形成了基极电流大于集电极电流的情况。

图 4-39(b)是有外加磁场 B^+ 作用的情况。从发射极注入到 i 区的载流子受磁场洛仑兹力的作用,使其向复合区 r 方向偏转。结果使原本进入集电极的部分载流子改为进入基区,使基极电流增加,集电极电流减少。由于流入基区的载流子要经过高复合区 r,载流子大量地被复合掉,使得 i 区载流子浓度大大减少而形成高阻区。高阻区的存在又使发射结上电压减小,从而使注入到 i 区的载流子数量大量减少,使集电极电流进一步减小。流入基区的载流子数开始时由于洛仑兹力的作用引起增加,后又因发射结电压下降而引起减少,总的结果是基极电流基本不变。

图 4-39(c)是有外加反向磁场 B^- 作用的情况。其工作过程和加正向电场 B^+ 时的情况相反,载流子受洛仑兹力的作用向集电极区一侧偏转,从而使集电极电流增大,基区复合减小,基极电流基本不变。

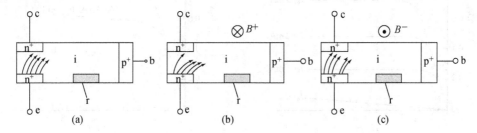
图 4-39 磁敏三极管工作原理图

总之,在正、反向磁场作用下,集电极电流出现显著变化,由此可用来测量弱磁场、电流、位移等物理量。

3. 磁敏三极管的主要特性

(1) 磁电特性。磁敏三极管的磁电特性是指在给定条件下,集电极电流的变化 ΔI_C 与外加磁场 B 的关系。如图 4-40 所示是 NPN 型 3BCM 锗磁敏三极管的磁电特性曲线,在弱磁场时,曲线接近一条直线,可以利用该线性关系测量磁场。

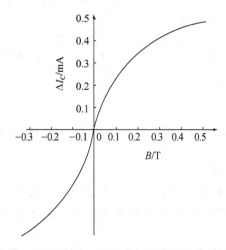

图 4-40　NPN 型 3BCM 锗磁敏三极管的磁电特性曲线

(2) 伏安特性。磁敏三极管的伏安特性与普通晶体管的伏安特性曲线类似。图 4-41(a)所示为不受磁场作用时,磁敏三极管的伏安特性,图 4-41(b)所示是当磁场为 ±0.1T,基极电流为 3mA 时,集电极电流的变化。可见,磁敏三极管的电流放大倍数小于 1,但其集电极有很高的磁灵敏度。

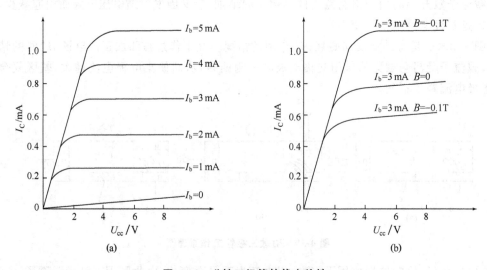

图 4-41　磁敏三极管的伏安特性

(3) 温度特性。温度特性是指在标准测试条件下,集电极电流变化量 ΔI_C 与温度 T 的关系,磁敏三极管受温度影响较大。

(4) 频率响应特性。3BCM 锗磁敏三极管对于交变磁场的频率响应特性为 10 kHz。

(5) 磁灵敏度。磁敏三极管的磁灵敏度有正向灵敏度 h_+ 和负向灵敏度 h_- 两种,是指当基极电流恒定、外加磁感应强度为 $\pm B$ 时的集电极电流 $I_{CB\pm}$ 与外加磁感应强度 $B=0$ 时的集电极电流 I_{C_0} 平均每特斯拉的相对变化值,即:

$$h_\pm = \left| \frac{I_{CB\pm} - I_{C_0}}{I_{C_0} B} \right| \times 100\%/T。 \qquad (4-24)$$

4. 温度补偿

磁敏三极管对温度比较敏感,使用时必须进行温度补偿。对于锗磁敏三极管如 3ACM、3BCM,其磁灵敏度的温度系数为 $0.8\%/℃$;硅磁敏三极管(3CCM)磁灵敏度的温度系数为 $-0.6\%/℃$。因此,实际使用时必须对磁敏三极管进行温度补偿。

对于硅磁敏三极管因其具有负温度系数,所以可用正温度系数的普通硅三极管来补偿因温度而产生的集电极电流的漂移,如图 4-42(a)所示。当温度升高时,BG_1 管集电极电流 I_{C_1} 增加,导致 BG_m 管的集电极电流 I_C 增加,从而补偿了 BG_m 管因为温度升高而导致 I_C 的下降。

图 4-42(b)是利用锗磁敏二极管电流随温度升高而增加的这一特性使其作硅磁敏三极管的负载,从而弥补了当温度升高时,硅磁敏三极管的负温度漂移系数所引起的电流下降的问题。

图 4-42(c)是采用两只特性一致、磁极相反的磁敏三极管组成的差分电路。这种电路既可以提高磁灵敏度,又能实现温度补偿,它是一种行之有效的温度补偿电路。

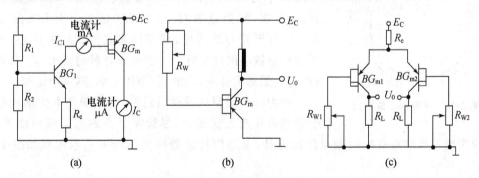

图 4-42 磁敏三极管温度补偿电路

5. 磁敏三极管的应用

磁敏三极管的应用技术领域与磁敏二极管很相似。利用磁敏三极管制成的无触点电位器原理图如图 4-43 所示。将磁敏三极管置于 1kGs 的磁场中,改变磁敏三极管基极电流,该电路的输出电压在 $0.7 \sim 15$ V 内连续变化,这样就等效于一个电位器,且无触点,因而该电位器可用于变化频繁、调节迅速、噪声要求低的场合。

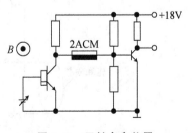

图 4-43 无触点电位器

4.4 磁通门微磁强计

磁通门微磁强计是用于测量磁场范围在 $0.1\,\mathrm{nT} \sim 100\,\mu\mathrm{T}$ 的直流或交流磁场幅度和方向的一个固态器件,其特点是可靠、坚固、低噪声、低能耗、分辨率高、长期稳定性和高灵敏性,被广泛应用于军工企业来测量弱磁场。磁通门微磁强计是一种磁调制器,用作测量磁场的探头。它是利用高导磁铁芯,在饱和交变电场的激励下选通调制铁芯中的直流磁场成分,将直流磁场转变为交流电压信号,从而完成对弱小直流磁场的测量。选用不同测量探头可测量均匀直流磁场及梯度磁场,还可用于检测弱磁材料的磁导率。

4.4.1 磁通门微磁强计的结构

在航空航天中应用的磁通门微磁强计的研制大都是采用机械手段制备的,激励线圈和接收线圈采用机械绕线方式,磁芯则采用大块的金属磁性合金,且磁导率较低,界面电路与磁通门传感元件是分开制造的,其结果是体积大、质量大、灵敏度低、长期稳定性差。20 世纪 90 年代以来,微电子机械系统技术飞速发展,为磁通门磁强计微系统的研制提供了一套有效可靠的途径。

图 4-44 是由环形铁心制成的磁通门,图中 W_e 为励磁线圈,W_o 为铁心中产生一个直流弱磁场,作为待测磁场 H_o 的线圈,W 为监测 H_o 的线圈。磁通门探头除图 4-44 所示的环形铁心结构外,还有许多其他结构的铁心,但均不如环形铁心的性能好。对于铁心材料的要求是:具有低矫顽力、低磁致伸缩、低损耗、高磁导率、高矩形比等。

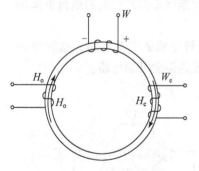

图 4-44 环形铁心磁通门

作为一个微型化磁通门磁强计,其最基本的结构是一个螺线管线圈或变压器,尽管需要在磁芯周围环绕导体,但已经实现了各种微机械的磁通门磁强计,磁通门传感器探测磁场的基本构架如图 4-45 所示。

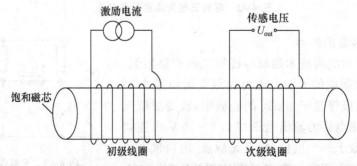

图 4-45 磁通门磁强计的基本结构示意图

磁通门磁强计的微型化和界面电路的集成化是未来磁通门磁强计微系统发展的必然趋势。采用 MEMS 技术和 CMOS 工艺,将磁通门传感器元件(包括激励线圈、接收线圈、溅射磁性薄膜或电镀磁性薄膜)、界面控制电路集成在同一芯片上,即形成磁通门微磁强计系统,是未来磁通门磁强计重点研究和研制的方向。

4.4.2 磁通门微磁强计的原理

磁通门微磁强计的传感原理是基于这样一个事实,即螺线管线圈的电感与它的磁导率有关,而螺线管磁芯的磁导率以饱和的方式依赖于外部的磁场,如图 4-46 所示。

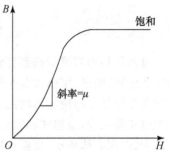

图 4-46 磁通密度 B 随磁场强度 H 增加的饱和特性示意图

对于上面的 B-H 曲线,材料的磁导率 μ 为在某一给定点曲线的斜率。如果器件在其曲线的"膝盖"位置受到一个恒定偏置磁场,如线圈偏置电流,则外部磁场的一个微小变化将引起磁导率的显著变化,因此电感也发生变化。对于螺线管,电感量 L 由下式给出:

$$L = \frac{\mu_0 \mu_r N^2 A}{l} \tag{4-25}$$

式中:μ_0 为真空磁导率,且 $\mu_0 = 4\pi \times 10^{-7} \mathrm{N/A^2} = 4\pi \times 10^{-7} \mathrm{Wb/(A \cdot m)} = 4\pi \times 10^{-7} \mathrm{H/m}$;$\mu_r$ 为螺线管磁芯的相对磁导率;N 为线圈的匝数;A 为螺线管的截面积;l 为螺线管的长度。

磁通门微磁强计的原理方框图如图 4-47 所示。振荡器输出经分频后,经功率放大后送到探头初级绕组提供激励电流,使探头铁芯饱和磁化,另一路信号(频率是激磁频率的 2 倍)经过移相后作为相敏检波器解调用。探头在被测磁场作用下,次级输出信号经选频放大器选出二次谐波电压进行放大,之后送到相敏检器解调输出,经 A/D 转换及数据处理后送给显示。

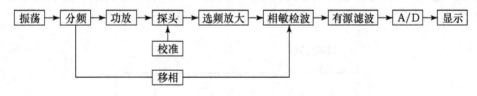

图 4-47 磁通门微磁强计的原理方框图

仪器内部提供一个校准信号,用于校准仪器。磁通门微磁强计是利用高导磁率铁芯,在交变饱和激励下,选通调制铁芯中的直流磁场,实现将微弱的直流磁场转变为交流电压输出以备测试。

4.4.3 磁通门微磁强计的应用

根据探头铁芯的结构可分为闭路铁芯和开路铁芯。闭路铁芯探头测量灵敏度高,对测量环境要求严,适用于科研单位使用;开路铁芯测量灵敏度较低,适用军工企业测量弱小磁场用。磁通门微磁强计探头通过不同连接还可以实现测量均匀直流磁场(场强)、梯度(场差)磁场,还可用于检测弱磁材料的磁导率。

4.5 隧道效应磁强计

磁强计是用来测量磁感应强度的传感器,磁场测量技术的应用已深入到工业、农业、国防以及生物、医学、宇航等各个部门。例如,卫星上使用磁强计作为姿态测量的主要传感器,同时具有测量空间磁场的功能。目前使用的磁强计主要有磁阻式、霍尔效应式、磁通门式和磁感应式等几种,磁阻式和霍尔效应式磁强计是使用半导体工艺加工而成的,虽然精度低,噪声大,但因其体积小,价格低廉,而占绝大部分的低端应用市场。磁通门式、磁感应式磁强计的灵敏度较高,可以达到 10^{-10} T 的水平。它们都是通过测量线圈中磁通量的变化来感知外界的磁场大小。为了达到较高的灵敏度,必然要增大线圈的横截面积。因此,设计一种体积小、精度高、功耗低的磁强计一直是人们追求的目标。

由于微机电系统技术的发展,目前出现了一些新原理的传感器,隧道效应式传感器是近年来发展起来的一种新型传感器。它以灵敏度高,噪声低,温度系数小,动态响应性能好等优点,被应用于磁强计的设计,其分辨率达到了 10^{-8} T 的水平。

4.5.1 隧道效应磁强计的结构

图 4-48 所示为微型隧道效应磁强计的结构图,它由上层的玻璃衬底和下层的硅片组成。在驱动电极和偏置电极之间加上一定电压,静电力使微梁变形,当针尖和电极之间的间距约为 1 nm 时,就会产生隧道电流,在梁背面的平面线圈内通上交变电流,梁在洛仑兹力的作用下上下振动,隧道电流随之改变,测量隧道电流的大小,就能得到梁的变形量和磁感应强度的大小。薄膜的上表面和下表面都有一层 $0.2\ \mu m$ 厚的 SiO_2 作绝缘层。

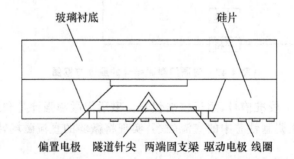

图 4-48 微型隧道效应磁强计的结构图

4.5.2 隧道效应磁强计的原理

经典物理学认为,动能低于势垒的电子是不能穿透势垒的。但是根据量子力学的理论,上述电子可以穿透势垒,并已被实验所证实。当两个电极充分接近(约为 1 nm),电子云相互重叠时,在电极间加上电压(约 100 mV),电子便会通过电子云的狭窄通道流动,形成隧道电流。隧道效应传感器的基本原理与扫描隧道显微镜相同,隧道电流的大小与针尖和电极的间距成指数关系,微小的位移就会使隧道电流产生很大的变化。而且,隧道电流仅发生在两个电极上距离最近的两个原子之间,因此从本质上来说,其灵敏度是与尺寸无关的。

隧道效应的噪声是典型的 $1/f$ 噪声。在低频时噪声较大,随着频率升高,噪声逐渐变小。因此,隧道效应加速度计一般只能作动态测量,而磁强计在线圈中通以交变电流,可以将工作点移至噪声较小的高频段,因此可以测量静态磁场,有利于提高分辨率。

4.5.3 隧道效应磁强计的性能参数

1. 固有频率

微梁的固有频率是决定传感器动态性能的一项重要参数。图 4-49 所示为计算得到的固有频率和梁的尺寸关系曲线。

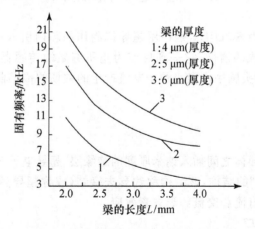

图 4-49 薄膜的固有频率和梁的尺寸关系

2. 驱动电压

考虑到传感器的耐冲击性和成品率,加工时在隧道针尖和电极之间有 $1\ \mu m$ 的间距,需要施加一个电压使薄膜变形以便产生隧道电流,驱动电压的大小是传感器的一项重要的性能指标。

图 4-50 为驱动电压和梁的长度和厚度的关系曲线。

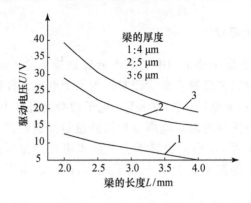

图 4-50 传感器的驱动电压和梁的长度、厚变的关系

总之,微梁的固有频率、驱动电压和梁的宽度都没有关系,而梁长度增加、厚度减小时,驱动电压和固有频率都会减小。当长度增加时,梁的刚度变小,会使驱动电压降低,灵敏度增加。但增加长度,一方面受工艺条件的限制,另一方面会使固有频率降低。当传感器工作时,必然会受到建筑物、工作台振动的干扰,这些振动的频率一般在 1 kHz 以下,为抑制噪声,必须使薄膜的固有频率远远高于噪声的频率。

4.6 超导量子干涉磁强计

超导量子干涉器称为 SQUIDs,是在用超导体制作的环内引入一个或两个约瑟夫森结(Josephson junction)制成的器件,它是到目前为止所有磁敏传感器中最灵敏的磁传感器。当前,它是唯一能够探测头脑中由微小粒子电流产生的磁场的传感器,微小粒子产生的磁场在 10^{-9} T 数量级。

4.6.1 约瑟夫森效应

该效应是指在两超导体之间插入纳米厚度的绝缘层,超导电子对能够穿过绝缘体,形成"超导体-绝缘层-超导体"的结构,该结构称约瑟夫森结(或称超导隧道结)中间的绝缘层称结区。约瑟夫森结又有直流和交流约瑟夫森效应。

1. 直流约瑟夫森效应

上述超导隧道结的隧道效应实际上是正常电子隧道效应。因为绝缘层厚度大于 1 nm 时,电子对通过绝缘层有电阻,而当绝缘层厚度只有 1 nm 左右时,电子对穿过绝缘层的势垒后仍保持着配对状态。超导电子对的流动没有电阻,故约瑟夫森结绝缘层没有电阻,在约瑟夫森结两端不发生电压降。实验表明,像超导金属那样,绝缘层仅能承受几个微安(μA)到几十毫安(mA)的无阻电流,若电流超过这个范围,在结两端就会出现电压降。约瑟夫森结能通过很小的直流隧道电流的现象称直流约瑟夫森效应,允许无阻通过的最大电流称超导结的临界电流 I_c,这种约瑟夫森结称为弱连接。

图 4-51 所示为弱连接约瑟夫森结的直流伏安特性。由图可看出,当 $I<I_c$ 时,结上无电压降。当 $I>I_c$ 时,结开始出现电阻,产生一定的电压降。当电源内阻比约瑟夫森结电阻小很多时,结电阻突然出现使电路中增加一个大电阻,电路中的电流突然从 I_c 值降到几乎为零,电源电压 U 全部降到结区两端。这种弱连接约瑟夫森结的伏安曲线如图 4-56 中的虚线 a 所示,其从 I_c 跳跃到正常电子隧道曲线。随着电源电压增加,伏安曲线沿着正常电子的隧道曲线增加。若电源内阻比结电阻大很多时,结电阻的突然出现别电路中电流

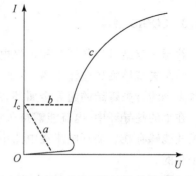

图 4-51 弱连接约瑟夫森结伏安特性曲线

基本上没有影响,因为这种情况相当于在电路中突然串联一个小电阻、故电流基本上不变。这时的弱连接约瑟夫森结伏安曲线如图 4-51 中虚线 b 所示,其从 I_c 跳跃到正常电子隧道曲线。

2. 交流约瑟夫森效应

弱连接约瑟夫森结从 I_c 转入正常效应曲线时,在结上产生直流电压。这时除了发生单电子隧道效应外,还出现交变超导电流。由于结中出现交变电流,故发生从结区向外辐射电磁波的现象。这种弱连接约瑟夫森结在直流电压下产生交变电流,从而辐射电磁波的现象称交流约瑟夫森效应。

交流约瑟夫森效应实际上是正常电子的隧道效应和超导电子对的交变超导电流的混合现象,达时的绝缘层处于"电阻-超导"的混合态。弱连接约瑟夫森结上有直流偏压 U 时,若电子对从高能级穿过绝缘层跃迁到低能级的费米能级,则产生一个光子 $h\nu$。

4.6.2 磁场对直流约瑟夫森效应的影响

直流约瑟夫森效应受磁场影响。如图 4-52 所示,临界电流 I_c 对磁场十分敏感,约 10^{-4} T 的磁场就能使 I_c 变得很小。由图 4-52 可知,无磁场时,I_c 最大,随着磁场增强,I_c 下降到零,磁场再增大,I_c 又回到较小的极大值。

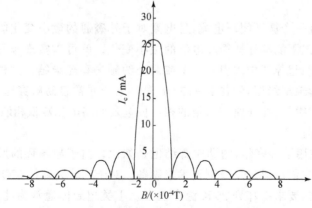

图 4-52 弱连接约瑟夫森结 I_c 与磁场 B 的关系

4.6.3 SQUID 器件

约瑟夫森结可用作开关和记忆电路,利用其与磁场、电磁波的作用可制成各种磁敏传感器。约瑟夫森结临界电流 I_c 随外加磁场周期性变化的原理可用于测量磁场。人们设计了包含多个约瑟夫森结的超导金属环,这就是 SQUID 器件。

在小的超导环中,电流能够持久流动,但是由于周期性边界条件的限制,只有某些允许的模式能够存在。循环电流在电路中产生磁通,如果电流量子化为特殊的模式,磁通必然是量子化的。

如果有外磁通通过超导环,循环电流通过允许的模式产生移动,以使净磁通量 $\Phi_{int} + \Phi_{ext}$ 为最小化,其中 Φ_{int} 为内磁通,Φ_{ext} 为外部磁通。根据楞次定律,当电路的磁通量发生改变,将在相反方向建立起电流。因此,量子数 n 的移动是外加磁通的象征,是以磁通量子化 Φ_0 为单位测量的。

对于给定的磁通密度,超导回路的灵敏度由回路的尺寸决定。通过使用大的超导环,可获得更大的灵敏度。但是超导环本身不能做得很大,否则不支持量子干涉。因此,通过使用一个低电阻接收线圈将磁通耦合到超导环以形成变换。低电阻线圈不一定是超导。这大大增加了超导环的有效面积,因此也放大了有效的磁通密度。图 4-53 为采用外部接收线圈来增加超导环有效面积的结构示意图。

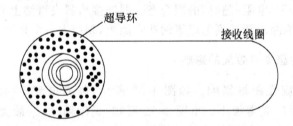

图 4-53 采用外部接收线圈来增加超导环有效面积结构示意图

假定这类器件有一个循环闭环电流,且电流对于外磁通的微小变化能够在模式之间跳跃,在不打断回路情况下能够探测循环电流的微小变化。就可以实现非常灵敏的磁敏传感器。为实现这一功能,超导环中需引入一个或两个约瑟夫森超导结。这种超导结是在两超导体中夹一极薄的隧道绝缘层,约在 2~20 nm 厚。电子非常容易隧穿这一绝缘层,但是它们的波函数值相变成微扰,在回路中与结的相对位置及回路电流数值相匹配,即约瑟夫森结确定了波函数的位相。

SQUIDs 已经使用了许多年,约瑟夫森结也是如此。由于超导环的尺寸必须很小才能支持量子干涉,因此它们可以来用光刻技术来制备。对于约瑟夫森结,SQUIDs 基本上使用 Ⅰ 类和 Ⅱ 类超导金属,要求冷却到 20 K 温度以下。Ⅰ 类超导体通常为纯金属,Ⅱ 类超导体典型为合金,且显示出高的临界温度 T_c。Ⅱ 类超导体如 Pb,$T_c = 7.2$ K,Ⅱ 类超导体如

Nb_3Sn, $T_c = 18K$。许多有实用价值的超导体是 II 类超导体。

随着超导稀土氧化物的出现,如 $Yba_2Cu_3O_{7-x}$(II 类超导体),它们仅需要冷却到近似 100 K,由于脱离液氦冷却而可使用液氮,因而具有显著的优越性,在过去的十几年里氧化物超导体的研究进展很快。$Yba_2Cu_3O_{7-x}$ 薄膜可采用溅射法来制备,几乎所有的高临界温度超导体均可采用此技术制备。

习 题

1. 什么是霍尔效应?霍尔电势和什么有关?
2. 磁阻效应分为几种?其各自的工作原理分别是什么?
3. 磁敏二极管和磁敏三极管的工作原理是什么?
4. 简述磁通门微磁强计的工作原理。
5. 什么叫正常电子隧道效应?它有何作用?
6. 什么是超导效应?某些材料在什么状态下,电阻几乎为零?
7. 什么叫约瑟夫森效应?它有何作用?

参 考 文 献

[1] 张福学.传感器电子学.北京:国防工业出版社,1991.06.

[2] Middelhoek S, Audet S A. Silicon sensors. Academic Press Ltd., London, UK, 1989.

[3] 孙运旺.传感器技术与应用.杭州:浙江大学出版社,2006.07.

[4] 殷淑英.传感器应用技术.北京:冶金工业出版社,2008.7.

[5] Maupin J T, Geske M L. The hall effect in silicon circuits, in the hall effect and applications. Chen C L, Westgate C R. [eds.], Plenum Press, New York, NY, 1980, 421-445.

[6] Munter P J A. A low offset spinning current hall plate. Sensors and Actuators, Mar. 1990, 22(1-3): 743~746.

[7] Munter P J A. Electronic circuitry for a smart spinning-current hall plate with low offset. Sensors and Actuators, May, 1991, A27(1-3): 747~751.

[8] Dieny B, Sperious V S, Parkin S S P, et al. Giant magneto resistance in soft ferromagnetic multilayers, Phys. Rev. 1991, 43: 1297~1300.

[9] Berkowitz A, Mitchell J R, Casey M J, et al. Giant magneto resistance in heterogeneous Cu-Co alloys. Phys. Rev. 1992, Lett 68: 3745~3748.

[10] Xiao J Q, Jiang J S, Chien C L. Giant magneto resistance in nonmultilayer magnetic systems, Phys. Rev. 1992, Lett 68: 3749~3752.

[11] Shelledy F B, Nix J L. Magneto resistive heads for magnetic tape and disk recording [J]. IEEE Trans. Magn., 1992, (28)5: 2283~2288.

[12] White R L. Giant magneto resistance materials and their potential as read head sensors, IEEE Trans. Magn., 1994, 30(2): 346~352.

[13] Grochowski E, Scranton R A, Croll I. The evolution of magnetic recording heads to maximize data

storage density. Proceedings of the 3rd international symposium on magnetic materials. Processes and Devices, Oct. 11-12, 94(6): 3～16.

[14] Kawahito S, Sasaki Y, Ishida M, et al. A fluxgate magnetic sensor with 7th International conference on solid-state sensors and actuators. Yokohama, Japan, June 7-10, 1993, Institute of Electrical Engineers, Japan, 888～891.

[15] 毛振珑. 磁场测量. 北京：原子能出版社, 1985.

[16] Brizzolara Robert A, Colton Richard J, Marilyn Wun-Fogle, el a1. A tunneling-tip magnetometer, Sensors and Actuators, 1989(20): 199～205.

[17] Miller L M, Podosek J A, et al. A μ-magnetometer based on electron tunneling. Proceedings of the 9th Annual International Workshop on Micro Electro Mechanical Systems, 1996: Feb. (11-15): 467～472.

[18] 朱俊华, 丁衡高, 叶雄英. 一种微型隧道效应磁强计的设计, 仪表技术与传感器. 2000: 17.

第五章 光学微传感器与辐射微传感器应用

光学 MEMS,也称为 MOEMS,它包括可见光、红外线和紫外线光谱区域。MEMS 的尺寸相对普通标准来说是很小的,但与光的波长来比却是很大的。微光系统能够在衍射限制区域巧妙地处理光,只需要很小的力来移动和控制镜像和其他的光学结构。光学 MEMS 对作为互联网中枢的光学网络有巨大的影响。事实上,它们可能成为"全光"网络的启动地址元素,这将消除在开关节点处从光信号转变为电信号并再转回光信号的需要。微小的镜子反射来自输入光纤到输出光纤的信号。电信号也包括读取输入光信号的标题和启动 MEMS 设备,而这个网络不是以全光非线性特性为基础的,因为它很弱,一般不能用于实际应用。光学开关的其他方法包括微流动和减薄整体内部反射和电光开关。

MEMS 镜已经证明了对信息通信的发展是很重要的。数字式微反射镜设备可以作为会议室放映机的播放机,并且很快会用于数字放映影院和家庭娱乐中心。光学 MEMS 探测器组合列形成图像的这一技术可对红外线区域的物体成像,也可以探测人和物体散发的热量来成像,在军事和民用中都有较广泛的应用。随着互联网已经成为个人、单位、工业、商业和政府部门生活的一部分,光学 MEMS 作为信息传输和图像展示也显示出了可观的前景。

本章主要介绍基于 MEMS 技术的光学微传感器和辐射微传感器。从被测对象上来说,光学微传感器和辐射微传感器的测量对象都是辐射量。目前,激光二极管、光电二极管、光电晶体管和 CMOS 成像器件等都有很好的市场前景。

5.1 光学微传感器

在自然界中,光是重要的信息载体,许多物体对光的反应是有规律的,如通过特定的方法把物体对光的反应测量出来,就可以直接或间接反映物体的一些特性。光学微传感器的基本原理是物质的光电效应,传感器将被测量的变化转换成光学量的变化,再通过光电元件把光学量的变化转换成电信号的装置。光电传感器属于非接触、无损伤的测量器件,具有体积小、重量轻、响应快、灵敏度高、功耗低、便于集成、可靠性高、适于批量生产等优点,广泛应用于自动控制、家用电器、工农业生产、机器人和航空航天等领域。

由于光存在多种性质和效应,从而为水质的光学检测提供了丰富的检测手段。例如,光的吸收、折射、反射、散射、荧光检测、喇曼光谱等。同时,光学检测方法一般具有极好的灵敏度和选择性,而且与电极法相比不存在长时间使用产生的漂移问题。当然光学检测也存在着问题,如使用荧光法时,光的强度易受溶液样品浊度的影响。

生物荧光法,具有可靠性高、易操作等特点,已成为目前水质检测方法的研究重点之一。生物荧光法可对杀虫剂、芳烃化合物、重金属离子等进行检测,其中 BOD 为衡量水体中微生物可降解有机物量的重要指标。Sakaguchi T 等人采用微机械加工技术制作了用于 BOD 检测的生物荧光微阵列。该微阵列为微孔阵列结构,可同时对多个水样进行检测,检测极限达 1.6×10^{-5}。

喇曼光谱法是一种无需荧光的检测法。当光投射到特定材料上时会发生喇曼散射,喇曼散射会导致光波长的变化,不同被检分子对应着不同波长的变化,所以喇曼光谱法相当于提供了不同分子的"指纹"信息。喇曼光谱法灵敏度相当高、检测也很迅速。Lee D 等人发表了关于使用表面增强拉曼光谱法对杀虫剂甲基对硫磷进行快速的超痕量分析的论文。研究人员使用聚二甲基硅氧烷(PDMS)材料制作了微混合器,检测极限可达 10^{-7}。Yea K H 等人制作了用于水中氰化物超痕量分析的器件,同样使用了表面增强喇曼光谱法。

现有的光学检测方法已很多,但仍不断有新的检测方法被提出。例如,Yang G 等人研制出一种新颖的光学微传感器,使用玻璃毛细管作为一个环形的共鸣器,环形共鸣器的内壁固定着生物识别物质,被检测液体从毛细管内流过,当被测物质与生物识别物质发生作用时,共鸣器中的光波波长就会发生改变,进而检测出被测物。这种微传感器的直径大约只有 100 μm,而且将光学传感技术与微流体技术有机结合,可同时检测多个样品,其灵敏度高、重复性好(相对标准偏差仅为 3.5%)、检测仅需 30 s,是表面等离子体共振法(SPR)检测时间的 1/10 倍。

上述光学检测装置尽管已制作得相当微小,但是其后续使用的光电转换设备一般都比较庞大,所以这类光学微传感器仍然难以制作成便携式水质检测设备用于现场检测。光学微传感器能否应用于体积小、重量轻的便携式检测设备还有赖于微型光电转换器件的发展,这就需要研制新型的光电材料和光电器件。Starikov D 等人研究了氮化物半导体材料在光电传感器中的应用。这种材料可发射和检测的光谱极宽,几乎可从紫外线至红外线,同时其化学性质稳定、耐高温高压,适于工作在恶劣的环境中。Starikov D 等人制作了氮化物半导体传感器,将可发射选择性波长的 LED 和光敏二极管集成在同一衬底上,从而避免了使用光学滤波器和光波导器件。

对于光学传感器来说,最重要的电磁能谱波段是紫外波段、可见光波段和红外波段。由于常见的半导体材料在这一波段内都能工作,所以要把紫外、可见光、近红外和红外波段作为一个整体来考虑的。采用半导体材料的传感器在紫外、可见光、近红外、红外区的工作范围如图 5-1 所示。硅覆盖了紫外、可见光、近红外频谱中很宽的范围,是一种重要的材料,因此硅微电子器件被普通地用于探测辐射,例如硅光电二极管。

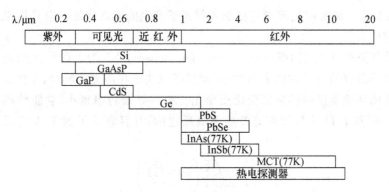

图 5-1 半导体光学传感器的工作范围

根据信号在传感器内部的转换过程不同，可以将光学传感器分为两大类：直接转换型传感器和间接转换型传感器。直接转换型传感器，由光子的作用直接产生电信号，没有任何中间转换环节。直接转换型传感器主要包括光电发射型、光电导和光伏传感器三种基本类型。直接型的光探测器在转换过程中，主要分为三个基本的过程：① 入射光生成载流子过程；② 载流子的分离、输送和放大过程；③ 外部电路收集电流过程。上述三个过程最终决定了传感器的增益。对于间接型传感器来说，它先把光传导转化成中间的能量形式，然后再用电的方法测量。例如探测红外光的间接型光探测器，是通过吸收红外辐射，将其转换成热能再进行测量的。

5.1.1 光学微传感器的主要性能参数

在红外探测、光纤通信、激光雷达等光电系统中，光探测器是必不可少的器件，其性能的优劣直接影响系统性能的好坏，器件特性参数如下：

(1) 量子效率是指单个入射光子产生的载流子的数量。内量子效率是指所产生的载流子数，外量子效率只考虑那些被收集到的载流子。

(2) 响应率是指单位入射光辐射功率所产生的输出。它与输出信号幅值和输入功率之比有关，其单位是伏/瓦(V/W)，微伏/微瓦($\mu V/\mu W$)，安/瓦(A/W)，微安/微瓦($\mu A/\mu W$)。

(3) 频率响应和响应时间，主要用于评价光探测器的动态跟随性能。频率响应是指探测器输出随输入辐射信号频率变化的函数关系曲线。当输入光辐射信号的调制频率超过截止频率时，其输出信号幅值与频率成反比。响应时间表示光辐射照射到探测器上引起响应的快慢。只有当探测器的响应时间必须短于光辐射变化的时间，才能正确反映输入的变化。

(4) 光谱响应是光辐射探测器对入射辐射的响应随波长而变化，这一特性称为光辐射探测器的光谱响应。通常以随波长变化的响应曲线表示，通常曲线的横坐标为波长，纵坐标为响应率。有时也只取响应率的相对比值，且把最大的响应率取为 1，因此这种曲线也称为归一化光谱响应曲线。

(5) 增益是光子激发的电流与直接由入射光子产生的电流之比。它是用来衡量传感器内部载流子的放大。

(6) 探测率和噪声等效功率(noice equivalent power，NEP)。因为光探测器对微弱光的探测能力并不仅仅取决于响应率的大小，而且还取决于探测器的噪声，它随探测器本身的材料、结构、周围环境温度等因素的变化而变化。噪声等效功率越小，它能检测到的辐射功率就越微弱。探测率 D 是与噪声等效功率成反比的，并且修正了面积 A 对噪声等效功率 NEP 的影响：

$$D = \frac{\sqrt{A}}{\text{NEP}}\left(cm\frac{\sqrt{Hz}}{W}\right) \tag{5-1}$$

5.1.2 直接型光学传感器

1. 基本原理

直接型光学传感器是通过把输入光子直接转换为光载流子来实现的。而半导体材料的能带结构决定了转换过程的难易程度，能带结构通常可以分为直接带隙和间接带隙两种类型，前者所构成的传感器，电子在完成能量跃迁时不需要声子。这就使得跃迁是一个单粒子过程而且很容易发生。如果需要声子，跃迁就变成一个双粒子过程，发生跃迁的可能性将急剧下降。此外，半导体内的光吸收对于上述光电转换过程也有影响。因此当研究基于光生电子-空穴对的光学传感器时必须考虑吸收。设计传感器的物理结构的关键是要考虑入射光子的穿透深度。当载流子产生区域上有覆盖层时，吸收也必须考虑。照射在任何空气-半导体界面上的光通常有 30%～40% 反射，造成显著的损耗。

直接型光学传感器有多种类型，如常见的光电二极管、光电晶体管、光电倍增管等，下面介绍几种常见的类型。

光电发射传感器是基于光电效应制成的光探测器，其中带有电子倍增系统的光电发射探测器具有高增益、快速响应等优点，可用于探测极微弱的光，也可以探测随时间迅速变化的光辐射。它们可制成均匀的大感光面积的探测器，所以在许多场合都获得广泛的应用。

光发射传感器的工作原理是：当具有足够能量的光子($E=h\nu$,ν 代表频率)照射到电极材料表面上时，通过弹性碰撞产生自由电子。这些器件通常工作在真空状态，气压不会对发射过程有影响，这类传感器通常附带电子倍增系统，而气压会影响发射后的背向散射。光电阴极的逸出功 Φ_0(单位是 eV)决定了所能探测的最大波长 λ_{max}。据爱因斯坦光电效应理论，要产生自由电子，就要使入射光子的能量应大于逸出功，由此可得：

$$\lambda_{max} = \frac{hc}{\Phi_0} \tag{5-2}$$

其中：c 为光速。作为光电子发射的光电阴极，采用的光电发射材料的性能会影响它的灵敏度和光谱响应，所以制作可用的传感器的关键是选择合适的光电发射材料。光电发射材料一般可以分为两大类：一类是常用的光电发射材料，这类材料通常在可见光波段具有良好的性能,通常是一薄层蒸发的化合物,包括碱金属和周期表Ⅴ族的一种或者多种其他金属元素。另一类是光电阳极材料,是负电子亲和势(NEA)材料,这类材料所制成的光电阴极在近红外波段有良好的性能,阈值波长可达 $1.5\sim 2\mu m$,并且具有高量子效率。

电子从光电阴极发射出来,经过电子倍增放大系统进行放大,从而提高探测器的增益。一般情况下,放大方式分为两种:其中一种方式是通过在真空腔掺入惰性气体,射出的电子将气体原子电离,产生更多的电子,因此使光发射传感器的增益增加约一个数量级。另一种则是基于电子层叠,而不是气体的电离。每一个倍增电极的表面都涂有一层低工作函数的材料——碱金属氧化物,就像一些基本的光发射传感器中用的那样。每一个后续的发射电子群被加速,并且射向另一个附加倍增电极,产生层叠放大。光电倍增管就是基于这种原理来实现微弱光信号探测的。

2. 光电倍增管

利用外光电效应原理制成的光电倍增管是把微弱的光输入转换成电子,并使电子获得倍增的电真空器件。其工作原理如图 5-2 所示,光电倍增管由阴、阳极室和二次发射倍增系统组成,图中的阴极与 $D_1,D_2\cdots D_7$ 之间都有加速电场。阴极室的结构与光电阴极的尺寸和形状有关。它的主要作用是把光电阴极受激光电离的电子聚焦在面积比光电阴极小的 D_1 面上。当外来入射光线照射到光电阴极上时,光电阴极发射的光电子在电场作用下,以高速向 D_1 面打去,由于光电子能量很大,射在倍增极上可激发出多个二次电子,产生二次发射;接着更多的二次发射电子又在电场作用下,射向 D_2,激发更多的二次发射电子,一个光电子将激发更多的二次发射电子,最后被阳极收集。光电倍增管具有响应速度快、高电子增益等特性,因而广泛应用于微弱光的探测。

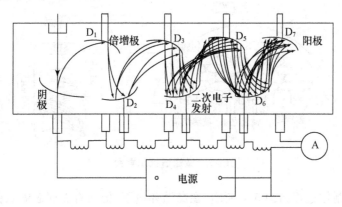

图 5-2 光电倍增管基本原理示意图

通过选用不同的光电阴极材料,它的光谱覆盖范围从红外区到紫外区的整个波段,所以是应用范围很广的光电探测器件。

上述放大过程与材料的二次发射系数 σ 密切相关,σ 是一个表征材料表明二次发射能

力大小的参数,为:

$$\sigma = \frac{N_2}{N_1} \tag{5-3}$$

式中:N_1 是一次电子数,N_2 是二次电子数。常用电子倍增极材料的二次发射系数 3~5。如果光电倍增管中有 N 个倍增极,则阳极捕获到的电子数为最初的阳极发射电子数的 σ^n 倍。

  光电倍增管的性能也受到其内部噪声的影响,主要噪声源是暗电流 i_{dark},当光电倍增管在全暗条件下工作时,阳极上仍会有一定的电流,这种电流即为光电倍增管的暗电流。它主要是由于热电子发射引起的,可以由理查德森-达希曼方程确定:

$$i_{\text{dark}} = \alpha A T^2 \mathrm{e}^{\left(-\frac{\Phi_0}{kT}\right)}, \tag{5-4}$$

式中:a 为理查德森常数,$a = 1.2 \times 10^6 \, A/(m^2 \cdot K^2)$;$A$ 为阴极面积,单位为 m^2;T 为温度,单位为 K。

  另一个重要的噪声源是散粒噪声。光电倍增管是利用电子的二次发射原理实现放大的,而电子到达电极表面通常是一个标准的随机过程,而且轰击到电极表面时的速率也是随机的,由此会引入随机的散粒噪声。而对于一个实际系统,外部探测电路也会引入噪声。

  利用微通道板在很小的空间里实现上述放大过程,这样可以减小器件的体积。如图 5-3 所示,微通道器件有一个沿着小角度沟通连续层叠排列的电极,通过在每一个沟道表面沉积一层低逸出功的薄膜材料来制作阴极。当电压加在沟道上,使整个连续的放大电极等同于很多个无限小的分立电极,这样入射电子在通过沟道时就会被放大了。

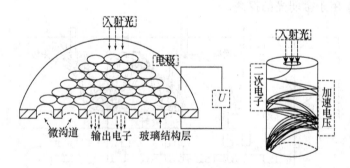

图 5-3 微通道板示意图

  微通道板的制作过程如图 5-4 所示,在高温环境下,把插有玻璃芯的氧化铅玻璃坯拉成直径约 1mm 的纤维管,然后把纤维管堆积成圆形,然后再拉制成圆形的多芯纤维管,在真空环境下,把多芯纤维管融合成一体,经过划片、抛光制成所需的厚度和形状。然后将玻璃芯腐蚀掉,这样就形成了微通道。再将制成的微细管用高温烧制成特性达到要求的表面。工艺难点是要在制作好的微通道表面上均匀地沉积一层电极材料。

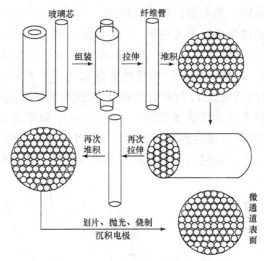

图 5-4 微通道板的制作过程

5.1.3 光敏电阻传感器

1. 基本原理

光敏电阻传感器的工作原理：利用光电导效应制成了光敏电阻传感器，当受到光线作用时，由于有些光子具有大于材料禁带宽度的能量，则光子的轰击使得价带中的电子吸收光子能量后而跃迁到导带，从而激发出可以导电的电子-空穴对，提高了材料的导电性能。光线愈强则参与轰击的光子也越多，激发出的电子-空穴对越多，导电性能越好，阻值也就越低。光照停止后，自由电子和空穴复合，导电性能下降，电阻恢复原值。在无光照时，光敏电阻的阻值很高。通过检测材料电阻的变化，就可以测量出入射光线的强度，如图 5-5 所示。

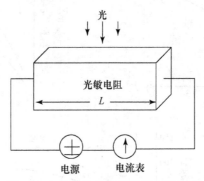

图 5-5 光敏电阻传感器的基本原理图

光敏电阻的主要技术特性：(1) 暗电阻，暗电流。光敏电阻置于无光照的黑暗条件下，测得的光敏电阻值称为暗电阻。这时，在给定工作电压下测得光敏电阻中的电流值称为暗电流。(2) 亮电阻，光电流。光敏电阻在 A 光源，色温 $2854\pm50\,K$，照度 100 lx([光]照度单位勒[克斯])光照下,测得的光敏电阻值称为亮电阻。这时在工作电压下测得的电流为亮电流。亮电流和暗电流之差称光电阻的光电流。(3)光谱特性。它表示光敏电阻对不同波长的光照敏感程度,光谱响应最敏感的波长称为光谱响应峰值。使用不同材料制成的光敏电阻,有着不同的光谱特性。光敏电阻的光谱特性曲线如图 5-6 所示。(4)光电特性。在一定电压作用下,光敏电阻的光电流 I_ϕ 与照射光通量 Φ 的关系称为光电特性,光电特性具有非线性特征。光敏电阻的光电特性曲线如图 5-7 所示。(5)时间常数。当光敏电阻受到光照时,光电流要经过一定时间才能达到稳定值。同样,当光照停止后,光电流也要经过一定时间才能恢复到暗电流。光敏电阻的光电流随光强度变化的惯性,通常用时间常数 τ 表示。

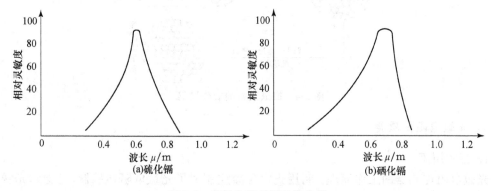

图 5-6 光敏电阻光谱特性曲线

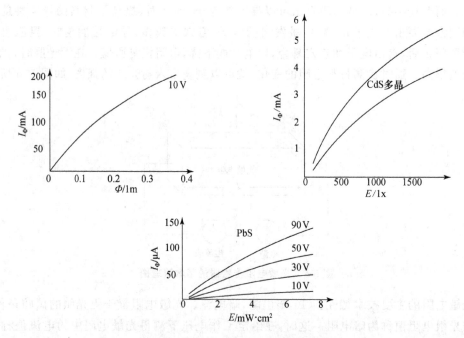

图 5-7 光敏电阻光电特性曲线

在消费类电子产品中,利用这种原理制成的自动调整 LED 亮度的硫化铜电池。在高效照明领域,它也可以工作在 120 V 或者 240 V 电压下的光探测器。光电流增益是光敏电阻传感器的一个极为重要的性能指标,光生载流子在复合前的存在时间越长,增益越大,即入射光产生的光电流与入射光产生的载流子数量的比值为:

$$G = \frac{I}{eN} \tag{5-5}$$

式中:I 为流过光电导体的光电流,e 为电子电量,N 为每秒产生的电子-空穴对数。

如图 5-5 所示,光导体两极间距为 L,横截面积为 A,当受到足够能量的光照射时,假设每秒产生 N 个电子-空穴对,且电子和空穴的平均寿命分别为 τ_e 和 τ_p,μ_e 和 μ_p 为电子和空穴的迁移率,则由此引起的光导体的电导率变化量为:

$$\Delta\sigma = \varepsilon\left(\frac{N\tau_e}{AL}\mu_e + \frac{N\tau_p}{AL}\mu_p\right) \tag{5-6}$$

相应地引起的材料电导的变化量为:

$$\Delta G = \frac{\Delta\sigma \cdot A}{L} \tag{5-7}$$

当在电极两端加电压 U 时,对应的光电流为:

$$I = U \cdot \Delta G \tag{5-8}$$

由光电流增益的定义式可得:

$$G = \frac{I}{eN} = \frac{U}{L^2}(\mu_e\tau_e + \mu_p\tau_p) \tag{5-9}$$

式(5-9)表明:增益系数与电压 U 成正比,而与极板间距 L 的平方成反比。

2. 几种典型的光敏电阻传感器

(1) 硫化镉和硒化镉光敏电阻

硫化镉和硒化镉是两种常用于可见光波段的光敏电阻材料,而且具有很高的灵敏度。而硫化镉光敏电阻的应用更为广泛,它通常可以分为单晶型和多晶型两种,单晶型的电阻不仅对可见光具有很高的响应率,而且对于包括 X 射线在内的电离辐射也有响应,但是由于单晶的体积有限,因此它的受光面积小,通常仅有 1 mm×0.5 mm 左右,对应的输出光电流为几十微安,响应时间在毫秒量级,敏感光谱范围在 0.3～0.8 μm 之间。而多晶 CdS 光敏电阻的感光面积很大,因此能够获得较大的输出电流,比单晶大三个数量级,而且响应光谱比单晶的要宽,但是由于光电流的延迟比单晶体大得多,因此不能在高频领域应用。

一般情况下,可以通过增大外加电压的方法来提高光电流,但最高电压也受损耗功率的影响。硫化镉光敏电阻的线性度也会随光照强度的增加而下降。在商业上,可用于降低背景光,如减弱时钟、收音机和仪表板上显示的亮度。不同的硫化镉和硒化镉成分的响应如图 5-8 所示,图中曲线 1 对应 CdS 单晶、曲线 2 对应 CdS 多晶、曲线 3 对应 CdSe 多晶曲线、曲线 4 对应 CdS 与 CdSe 混合多晶曲线。

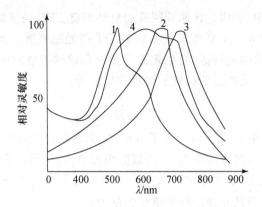

图 5-8　不同成分的硫化镉和硒化镉的频谱响应

通常,当光照强度由最暗到最亮时,电阻的变化从(100∶1)～(1000∶1)。在此过程中,器件的响应特性也会发生变化,线性度随着光照强度的增加而下降,温度系数也会随光照强度变化;在低光照强度下,响应时间在秒数量级而在强光下为毫秒数量级。而且由于长寿命阱态产生的慢载流子发射,硫化镉单元还会表现出一种有趣的迟滞或"光记忆"效应。

单晶硫化镉光敏电阻的制备工艺先是在绝缘基底上沉积 CdS 光敏材料,在其上镀金等金属电极,电极图案交错排列成梳状,这种结构既可以使得电极间距离减小,而且具有较大的感光面积,从而获得较高的增益。

多晶 CdS 光敏电阻主要采用烧结法制作,因而可以把 CdS 材料做成大面积的薄片,以获得更大的感光面积。由于光敏电阻的灵敏度易受湿度影响,所以整个器件要严格密封在金属外壳和玻璃窗内。

硒化镉(CdSe)光敏电阻的结构与硫化镉相似,它的光谱范围如图 5-9 所示,峰值响应在 670 nm 附近,响应时间比硫化铜快。其主要缺点是灵敏度受温度变化影响较大。

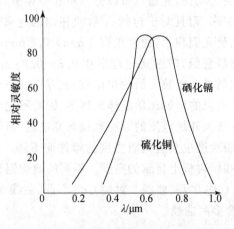

图 5-9　硒化镉与硫化镉光敏电阻的响应光谱

第五章 光学微传感器与辐射微传感器应用

（2）硫化铅传感器。

如图 5-10 是硫化铅探测器及热电制冷器，在常温常压环境下，硫化铅传感器的敏感波长为 1～3 μm，当环境温度为 77 K 时，敏感波长为 4.5 μm，所以随着温度的下降光谱分布曲线是向长波方向移动的。通常用玻璃板作为制造硫化铅传感器的基板，在上面涂上一层 1μm 的硫化铅，然后在光敏面上涂一层几乎透明的黄金作为电极用，光敏面装在用适应材料制成的外壳内，并且该外壳有一个小窗能够透过红外线，内部还有热电制冷器。

（3）碲镉汞探测器。

碲镉汞是一种半导体合金。它是将碲化汞和碲化镉采用半导体合金法混合而成的合金系统。通过调整镉和汞的比例，就可以改变光谱的范围，从而制造出用于不同波段的红外探测器。

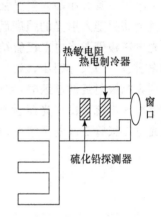

图 5-10　硫化铅探测器及热电制冷器

利用光伏效应制造了光伏微传感器，典型代表是光电二极管和光电三极管，光电二极管是一种利用 pn 结单向导电性的结型光电器件，与一般半导体二极管类似，其 pn 结装在管子的顶部，以便接受光照，上面有一个透镜制成的窗口以便使光线集中在敏感面上。光电二极管在电路中通常工作在反向偏压状态，其原理见图 5-11。

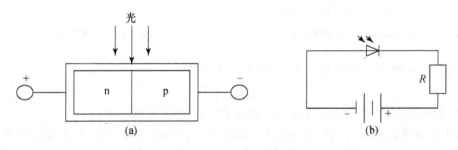

图 5-11　光电二极管

在无光照时，光电二极管处于反偏，工作在截止状态。这时只有少数载流子在反向偏压的作用下形成微小的反向电流，即暗电流。当光电二极管受到光照时，pn 结附近受光子轰击，吸收能量而产生电子-空穴对，从而使 p 区和 n 区的少数载流子浓度增加。因此在外加反偏电压和内电场的作用下，p 区的少数载流子穿越阻挡层进入 n 区，n 区的少数载流子穿越阻挡层进入 p 区，从而使通过 pn 结的反向电流大大增加，形成了光电流。

但与光敏电阻相比，光电二极管具有：尺寸小、响应速度快、灵敏度高、稳定性好等优点。从图 5-12 可以看出，当光电二极管受到外界光线照射时，由于反向电压的作用，耗尽区被加宽，而作为扩散层的 p 区往往是很薄的，当入射光子的能量大于材料的禁带宽度时，都

107

可以被吸收而产生电子-空穴对,p 区的光生电子和 n 区的光生空穴以及结区中的光生电子-空穴对都在结电场的作用下移动,其中光生电子向 n 区移动,而光生空穴移向 p 区,因此形成光生电流 v 其大小随入射光强度而变化。当光生电流流经外接的负载电阻时,在负载电阻上就会获得随入射光的强度而变化的信号电压。

光电三极管与光电二极管结构相似,不过它内部有两个 pn 结,和普通三极管不同的是它的发射极一边尺寸很小,以扩大光照面积。当基极开路时,基极、集电极处于反偏。当光照射到集电极附近的基区时,使集电极附近产生电子-空穴对,它们在内电场作用下做定向运动形成光电流。由于光照射产生的光电流相当于普通三极管基极电流,使光电三极管具有比光电二极管更高的灵敏度,光电三极管原理见图 5-13。

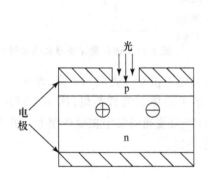

图 5-12 光电二极管工作原理示意图

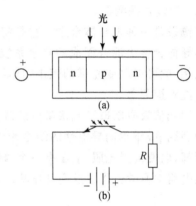

图 5-13 光电三极管

光电二极管的 I-U 特性可以用下面的式子来描述:

$$I = I_s[e^{\frac{eV}{kT}} - 1] - I_{sc} \tag{5-10}$$

式中:I_s 是饱和电流,由能够克服势垒的载流子构成,I_{sc} 是短路电流。

从图 5-14 光电二极管的特性曲线中可以看出,当受到光照时就会产生光生电流,曲线就会向下移动,而且光照越强的时候,光生电流就会越大,曲线也越往下移。图中的第三象限,电流是负值,电压也是负值,也就是说电流方向与正向电流相反,对应于光电导状态。如果工作区在第四象限,pn 结无外加偏压,则对应于光生伏打状态。结电压为正,流过结的是反向电流,器件已成为电池,向负载输出功率。

对于光电二极管来说,影响其响应速度的因素主要包括载流子的渡越时间和结电容。当光电二极管受到外界光照射时就会产生载流子,而载流子向结区扩散或者在结电场中作漂移时需要经历一定的弛豫时间,与 p 区厚度 d_p 和结区厚度 d_i 有关,因此影响了二极管的响应时

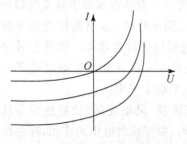

图 5-14 光电二极管的特性曲线

间。若不考虑结电容的影响,对扩散型光电二极管而言,其响应时间主要取决于光生载流子的扩散时间。因为长波的入射光可以穿透结区,并且到达 n 型区内几十至几千微米,而激发的载流子还要扩散到结区才能产生光电流,对应的扩散时间较长,所以器件的响应截止频率受到了限制。相比之下,耗尽型 PIN 光电二极管中有一层电阻串很高的本征层,当外加反向偏压时,所对应的耗尽层厚度比扩散型光电二极管的耗尽层厚,光生载流子主要在耗尽层内产生,对应时间主要取决于漂移时间,对应的响应截止频率可达 10 GHz。另一方面,要进一步提高光电二极管的响应截止频率,必须减小结电容。因为结电容与结面积成正比,又与耗尽层厚度成反比,因而设计高速光电二极管时均采用小感光面积和尽可能厚的耗尽层厚度。但是如果耗尽层太厚就会使载流子在其中的漂移时间过长,因此必须综合考虑其作用。此外,提高反向偏置电压也可以增加耗尽层的厚度。

光电二极管主要有 4 种类型,它们分别为:① PIN 光电二极管;② p-n 光电二极管;③ 肖特基光电二极管;④ 雪崩光电二极管。

图 5-15 是商用光电二极管的辐射灵敏度与波长的关系。硅光电二极管能够探测紫外线到近红外范围内的辐射 190～1100 nm,峰值在 960 nm。PIN 硅二极管的探测范围在 320～1100 nm 内。磷砷化镓肖特基光电二极管与磷化镉光电二极管具有相同的紫外到可见光的探测范围为 190～680 nm。硅雪崩光电二极管能够探测可见光到近红外范围 400～800 nm。

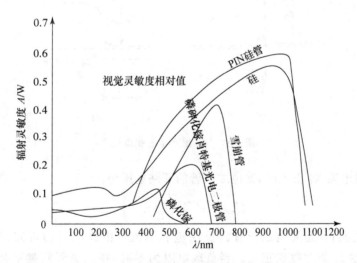

图 5-15 光电二极管的频率谱响应

图 5-16 为 4 种主要的光电二极管的结构示意图,它们分别为 pn 型光电二极管、PIN 型光电二极管、肖持基型光电二极管和雪崩型光电二极管。

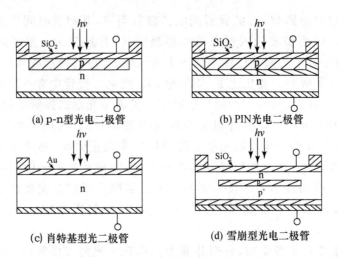

图 5-16　光电二极管结构示意图

pn 型光电二极管结构主要包括 pn 结和二氧化硅涂层,该涂层可以减小暗电流而且还可以提高可靠性。在结电场的作用下,光伏效应产生的电子-空穴对移动至参杂区,如图 5-17(a)所示,所产生的光电压 U 如图 5-17(b)所示。

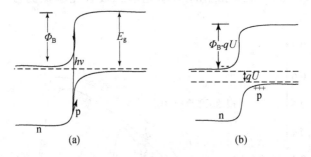

图 5-17　pn 结产生的光电压

当外接负载电阻 R_1 很大时,光电二极管的开路电压为:

$$U_{oc} = e^{KT}\ln\left(\frac{I_L}{I_s}+1\right) \tag{5-11}$$

式中:I_L 是光电流;I_s 是光电二极管的反向饱和电流。由式(5-11)可知,开路电压与温度 T 和光照强度 K 的对数成正比。当负载电阻为零时,在二极管两端不会产生压降,即可测得短路电流,它与光照强度也有非常好的线性。光电二极管通常工作在反偏或者虚地模式。图 5-18 表示了这两种基本电路,其中 5-18(a)为反偏电路,5-18(b)为虚地电路。

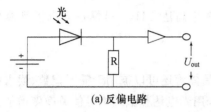 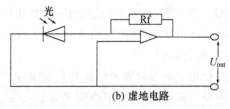

(a) 反偏电路　　　　　　　　(b) 虚地电路

图 5-18　光电二极管的两种基本工作电路

　　PIN 光电二极管在 p 型和 n 型材料之间涂有绝缘层,可以通过调整耗尽层的厚度以优化量子效率和频率响应。由于结电容和封装电容较低,响应比典型的 pn 结二极管快约 0.4 ps。

　　肖特基型光电二极管有一层 n 型半导体材料和一层超薄的金属薄膜构成肖特基势垒。在紫外线区内,半导体材料的吸收系数很高,金属薄膜又增强了二极管的灵敏度。虽然使用一层 50 nm 的硫化锌减反射涂层,但是仍有超过 95% 的波长为 633 nm 辐射射入硅基底。在理想条件下,肖特基势垒的高度 Φ_B 值取决于金属的工作函数 Φ_m 和半导体的工作函数 Φ_s:

$$\Phi_B = (\Phi_m - \Phi_s) \tag{5-12}$$

经过修正触点后的电流密度表示为:

$$J = J_0 e^{\left(-\frac{\Phi_B}{kT}\right)}\left(e^{\frac{qU}{kT}} - 1\right) \tag{5-13}$$

当有效电子质量为 1 时,式中 $J_0 \approx 120\,T^2\,A/cm^2$,$U$ 是所加的电压。在紫外波长范围内($h\nu > E_g$),肖特基势垒会产生电子-空穴对,而且被局部电场分开。所产生的势垒高度的变化可以按照以前那样被测出来。在较高的波长段($h\nu > \Phi_B$),金属内部的电子被激发到足以跨越势垒进入半导体。然而,这种可能性比较低的波长范围内时的能带间激发要低。

　　对于 n 型半导体来说,金属中的势垒高度上与偏置电压无关。势垒高度由导带能级 E_c 和表面的费米能级 E_0 共同决定,表达式如下:

$$E_c - E_0 = \Phi_B \approx \frac{2}{3}E_g \tag{5-14}$$

　　结特性受表面材料所限,选择砷化镉或磷化镉半导体材料,可允许低能量阈值沿着能谱移动。

　　工作在高反偏电压下的雪崩光电二极管,当激发的光生载流子达到足够的能量时,会与其他原子碰撞从而产生二次载流子。该过程循环重复发生,称这个过程为雪崩效应。这种内放大机理可以获得可见光-近红外区的弱光的灵敏度。

　　图 5-19 表示了硅雪崩光电二极管的量子效率。雪崩效应发生的条件如上式 5-15 所示,是电子的动能 E_k 超过 $(3/2)E_g$,而且产生另一个载流子。

$$E_k \geqslant \frac{3}{2}E_g \tag{5-15}$$

图 5-19　硅雪崩光电二极管的量子效率

雪崩光电二极管的响应速度很快,而且其截止频率高达 GHz。硅雪崩光电极管典型的击穿电压为 100 V,而且击穿电流可达到 1 mA。

4. 光电晶体管

通过使用光电晶体管可以提高光灵敏度。光电晶体管还可以被用于需要记数、读入和编码器的场合。典型的上升、下降时间为 1~5 μs。当采用光电达林顿结构可使灵敏度增加大约 10 倍左右,但上升、下降时间相应的延长到 50 μs,以牺牲上升、下降时间来换取高灵敏度。

5. 光电池

太阳能电池实际上是一种工作在光生伏打模式的"巨型"光电二极管,主要应用在替代能源、太空航天器、消费类产品和分布式传感器阵列。从太阳发出的辐射到达地球表面时的功率密度为 1353 W/m²。假设负载条件为最优,太阳能电池理论上的最大效率为 31%,设 $E_g=1.35$ eV,则每平方米面积的太阳能电池可以产生 419 W 功率。太阳能电池中的最重要参数是转换效率和输出功率,它们主要与所用材料的禁带宽度有关,但是禁带宽度直接影响光电流大小,在照射到器件的太阳光中,只有那些能量比光电池材料禁带宽度大的光子才能激发电子-空穴对,从而产生光电流。当材料的禁带宽度很小时,那么太阳光能量就远远大于禁带宽度,除激发材料产生的电子-空穴对外,还有大量能量转化为半导体晶格的振动能,这就降低了光子能量的利用效率,因此使转换效率降低。对于太阳能电池,优化是很关键的。对于太空应用来说,由于没有大气吸收,最优带隙是 1.6 eV。若大气吸收增加,带隙降至约 1.4 eV。另一个重要的参数是少数载流子寿命,更长的寿命意味着更多的载流子在复合前可以被收集到。

太阳能电池的种类有单晶、多晶、薄膜等。Weber X J 等人研制了一系列高效太阳能电池,他们采用先进的微机械技术来提高电池的性能。如图 5-20 所示,通过采用反应离子蚀刻技术在硅片上刻出一系列微槽,微槽宽度为 40 μm、深度为 1 mm、微槽间距离为 70~200 μm,在硅槽表面轻度掺杂磷,然后生长一层二氧化硅作为钝化保护层,同时也起到减反射的作用。每一个硅槽都构成一个微电池,相互串联起来,单个电池的效率可达 17.5%,开路电压可达 689 mV。通过采用微机械技术,电池单元的制作成本被大大降低了。而且由于微槽是穿透硅片的,因此无论太阳光从正面还是底面入射,都是可以工作的。

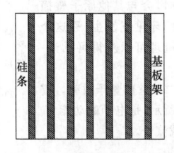

图 5-20　微机械太阳能电池及其微观结构

5.1.4 间接光学微传感器

间接型光学传感器的工作原理是先把光信号转变成中间的能量形式,如热能,然后再用电的方法进行测量。最常见的两种类型是测辐射热计和热电偶。它们都是利用入射辐射的热效应来检测辐射能量的。在吸收了入射辐射后,引起探测器温度升高,温度上升会引起探测器材料性能发生变化,如果能够测量出某一特定性能的变化,则就能探测出入射辐射的大小。

1. 测辐射热计

无论是金属材料还是半导体材料,当它们的温度发生变化时,它们的电阻值也会发生相应的变化。材料的电阻值随温度变化的灵敏度可以用材料的温度系数 α_T 来衡量,关系如下式所示:

$$\alpha_T = \frac{1}{R}\left(\frac{dR}{dT}\right) \tag{5-16}$$

式中:R 为材料的电阻值,T 为材料的温度。大多数金属材料的电阻值与绝对温度成正比,B 为比例系数。

$$R = BT \tag{5-17}$$

将式(5-17)代入式(5-16)中,可得到金属材料的电阻温度系数:

$$\alpha_T = \frac{1}{T} \tag{5-18}$$

当在室温(300 K)环境下,金属的温度系数约为 0.0033。对于半导体材料来说,当温度一定时,电阻值与温度之间存在如下关系:

$$R = R_0 e^{\left(\frac{B}{T} - \frac{B}{T_0}\right)} \tag{5-19}$$

当温度是 T_0 时,电阻值为 R_0。将上式代入温度系数的表达式,可得:

$$\alpha_T = -\frac{B}{T^2} \tag{5-20}$$

在室温环境下,α_T 可达 -0.0033,比金属材料的 α_T 大1个数量级。所以,大多数热敏电阻采用半导体材料制作。如果温度进一步降低到 -257℃,某些半导体材料的电阻温度系数还会进一步下降,这时半导体工作在超导状态,构成半导体超导测辐射热计。这类器件从本质上说是由多个热敏电阻组成的,以电桥电路形式工作,如图5-21所示。

将两个热敏电阻 R_1 和 R_2 彼此相邻放置,R_1 是工作元件,R_2 是补偿元件。两个元件性能相同,补偿元件因

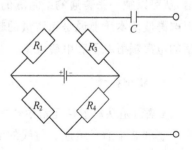

图 5-21 测辐射热计的工作原理

受到屏蔽作用,仅与环境保持热平衡。而工作元件表面涂黑以增加对入射辐射的吸收率。

当无其他的外来辐射时,工作元件与补偿元件的环境温度相同,性能相同,工作元件与补偿元件的电阻也就相等,电桥处于平衡状态;当工作元件受到入射辐射的作用时,由于吸收了辐射会导致自身温度上升,相应产生电阻增量 ΔR,而补偿元件由于受到屏蔽的作用而未受辐射作用,电阻保持不变,这样电桥失去平衡,两端有微小电压 U_0 输出,可以表示为下式:

$$U_0 = \frac{E}{4} \cdot \alpha_T \cdot \Delta T \tag{5-21}$$

从而可以推导出热敏电阻测辐射热计的响应率为:

$$R_V = \frac{\eta I R \cdot \alpha_T}{G_{th}\sqrt{1+\omega^2\tau^2}} \tag{5-22}$$

式中:η 是敏感区的光学吸收系数,I 是通过酞辐射热计电阻的电流,ω 是输入光调制角频率,τ 是测辐射热计结构的热时间常数 $\tau = C/G_{th}$,G_{th} 是支撑结构的热导,单位是 W/K。从式(5-22)中可以看出,响应率 R_V 与工作电流 I 成正比,增大 I 可以提高 R_V,但是工作电流 I 不能无限增大,这是因为当 I 增大时,焦耳热也就越大,噪声也就随之增加。α_T 又与温度平方成反比,降低温度可以提高 α_T,对于提高响应率有利,因此传统的半导体测辐射热计大多工作在冷却状态。为减少基底的热导,在设计上还可以将基底掏空,也就是将器件的感光部分做成悬空的结构,这也是大多数非冷却测辐射热计的基础。

5.2 辐射微传感器

辐射是指从光源射出的粒子或电磁波射线,辐射既可以由放射性材料的衰变产生,也可以由原子核与其他物质的相互作用产生。射出的粒子具有一定的能量,涵盖了较宽的能量谱,从可以被一张普通的纸阻隔的粒子,到能穿透 1 m 甚至更厚的混凝土或金属的 γ 射线。而电磁波从本质上说是无质量的粒子流,其能量与波长和频率有关。下面首先介绍几种典型的电离辐射粒子和电磁波谱。

5.2.1 辐射粒子

α 辐射是从放射性元素中释放出来的粒子流,带有 2 个正电荷,实质上是氦原子核,由 2 个中子和 2 个质子组成。射线的电离能力很强,但是它的能量较低,一张普通的纸就能够挡住,而且射程很短。因为它的电离密度高,会造成大剂量的内照射,因此一旦进入体内,其危害是很大的。下面是产生一个 M 粒子的衰变反应,由于 He 带有净电荷因而能被磁场偏转,下式:

$$^{238}_{92}\text{U} \longrightarrow {}^{234}_{90}\text{Th} + {}^{4}_{2}\text{He} \tag{5-23}$$

β粒子是从原子核内放出的高速电子流,既可以是带正电子,也可以是带负电子。由于电子的质量很小,所以它的电离能力要比 α 粒子小很多,但是 β 粒子射程却比 α 粒子远很多,β 粒子的射程与它的能量随着所穿透的物质密度不同而不同。β 粒子的外部照射可以导致皮肤的损伤,内照射也会引起明显的生物效应,产生 β⁻ 粒子和 β⁺ 粒子的典型衰变反应分别如下:

$$^{3}_{1}\text{H} \longrightarrow {}^{3}_{3}\text{H} + \beta^{-} \tag{5-24}$$

$$^{22}_{11}\text{Na} \longrightarrow {}^{22}_{10}\text{Ne} + \beta^{-} \tag{5-25}$$

$$^{19}_{10}\text{Ne} \longrightarrow {}^{19}_{9}\text{F} + \beta^{+} \tag{5-26}$$

在上述的衰变过程中也会发出中微子或者反中微子,中微子是以光速运动的很小的粒子。当释放出 β⁻ 粒子时,会释放出反中微子,而衰变中释放出 β⁺ 粒子,就会产生中微子。由于 β 粒子带电,它们也可以像 α 粒子那样被磁场偏转,而偏转方向取决于它们的带电极性。

X 射线和 γ 辐射是波长极短的电磁辐射,它是由光子构成的。能量通常分别在 keV 量级或 MeV 量级。由带能量的电子与原子相互作用而产生的辐射,则被称做 X 射线。由原子核从高能态跃迁至低能态而产生的辐射,就被称作 γ 射线。由于 γ 射线的能量很大,因此需要 1m 以上的金属或混凝土来阻挡它们。作为光子,γ 射线与 X 射线不会在磁场中被偏转,典型的释放出 γ 射线的衰变反应如下:

$$^{60}\text{Co} \longrightarrow {}^{60}\text{Ni} + \beta^{-} + \gamma_1 + \gamma_2 \tag{5-27}$$

衰变与物质的相互作用是通过光电效应、康普顿效应和电子对效应产生次级带电粒子,是外照射的主要来源。γ 射线的电离密度比 α、γ 粒子都小,但穿透能力极强,能进入人体深层组织,并且会导致组织辐射损伤。

中子是不带电的、大质量的粒子,中子的质量比电子质量大 1836.2 倍。它们大致被分为热中子、慢中子和快中子。这些粒子的电离电势有限,它与人体组织相互作用时,产生反冲质子及碳、氢、氧的反冲核,中子通过辐射俘获产生 γ 光子,再进一步与物质相互作用产生次级电子,这些次级带电粒子引起人体组织的电离和激发,而且中子对人体组织的生物效应要比上述三种射线引起的生物效应严重。

5.2.2 光谱

光是指频率范围在 $10^{11} \sim 10^{17}$ Hz 之间的电磁波。光谱的波长范围上至几微米的远红外线,下至几十纳米的深紫外线。图 5-22 所示为完整的电磁波谱。虽然可见光在整个光谱中只占了很小的一个波段(400~700 nm),但目前大多数的商用传感器都是在这一波段工作。

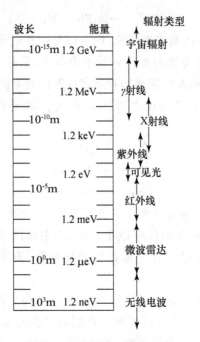

图 5-22 电磁波辐射谱

随着辐射防护科学的发展,"剂量"一词的含义日益丰富,一般包括以下几种常见的概念:

(1) 照射(剂)量。指 X 射线、γ 射线在空气中产生电离作用的能力大小。人们常用的单位是伦琴,简称伦,符号为 R(1 R=2.58×10⁴ C·kg⁻¹)。

(2) 照射(剂)量率。是指单位时间里的照射(剂)量,单位为 C/(kB·s)常用的单位是分别为 R/h 和 PR/s。现在使用的测旦"照射旦率"的仪表,其单位是微戈[瑞]每小时,符号为 μGy·h。照射(剂)量率通常是指场所 X 射线、γ 射线的辐射强度。

(3) 吸收剂量。是指人体受到电离辐射后吸收了多少能量。常用的单位是戈[瑞],简称戈,符号为 Gy(1 Gy=1 J·kg⁻¹=1 m²·s⁻²),也用毫戈[瑞]、微戈[瑞]。

(4) 剂量当量。人体吸收剂量产生的效应,与辐射类型、射线能量大小和照射条件有关,因此要根据这些因素进行修正,修正后的吸收剂量称为剂量当量。

(5) 有效剂量。人体受到照射时,常常是多个器官受到照射。不同的器官产生的效应也不同,要进一步细化为有效剂量。剂量当量和有效剂量的单位都为希沃特,简称希,符号为 Sv,常常用毫希,符号为 mSv。

(6) 待积剂量当量和待积有效剂量。当放射性物质进入人体内后,用来计算长时间对人体组织和器官有效的剂量当量和有效剂量。

电离辐射对人体的作用是它通过直接的或间接的使人体的分子发生电离或者激发。对体内的水分子,会使其产生多种自由基和活化分子,严重的会导致细胞损伤甚至死亡。这种电离辐射对人体的作用过程是可逆转的,人体自身具有修复功能,而修复能力的大小与个体素质的差异有关,也与原始损伤程度有关。为了比较不同类型的辐射,定义了相对生物效力以近似表示能够产生与 10^{-2} Gy(即 1 拉德,1 rad=10^{-2} Gy)辐射相对应的 X 射线或 γ 辐射的剂量,如表 5-1 所示。

表 5-1 不同类型辐射的相对生物效力

辐射类型	相对生物效力
β^-,β^+,X,γ($E<0.03$ MeV)	1
β^-,β^+,X,γ($E>0.03$ MeV)	1.7
慢中子	3
快中子、质子	10～20
α 粒子	10～20
反冲离子	30

5.2.3 核辐射传感器

核辐射通常能够使所射入、穿透的材料发生电离。由于所产生的作用不同,用于检测核辐射的传感器的结构也不一样。分类主要有盖格-弥勒管、闪烁器和半导体探测器。

盖格计数管是根据射线对气体的电离作用专门设计的辐射探测器。阴极是计数管内的金属圆筒,以筒中心的一根钨丝为阳极,筒和丝之间用绝缘体隔开,计数管内充以惰性气体并加入少量的卤素气体。盖格计数管具有结构简单并且能在极强的辐射环境里工作的优点。当入射粒子在管中产生初始电离后,电离电子在电场作用下,向正电极漂移,形成电压脉冲信号。从结构上说,大多数传统的盖格-弥勒管包括一个圆柱形壳体,有一个中央电极和一个薄窗口以接收入射辐射,如图 5-23 所示。因为减少厚度能增加灵敏度,但会使结构更脆弱,所以窗口厚度的选择需要权衡。

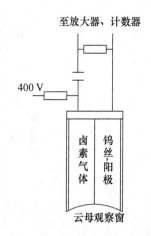

图 5-23 顶部窗口的盖格-弥勒管

闪烁计数器是一个"间接"探测器,先将辐射能变为光能,然后将光能变为电能再进行探测。闪烁计数器主要由闪烁晶体、光电探测器和输出电路所组成。闪烁晶体分为有机和无机两大类,其形态又分固体、液体和气体,常用的形态是固体晶体,例如无机晶体 NaI(Tl) 和有机晶体 $C_{14}H_{10}$。对于构成闪烁器的材料而言,重要的指标是它必须具有足够的将入射粒子转换为光的转换效率,而且它还必须对产生的光足够透明,这样光才能有效地到达探测器。使用像稀土磷或闪烁晶体特殊的材料能提升性能。对于光学探测器,有一个重要的性能指标量子效率 η_p,光子波长继续转换的效率。可以用隔开的 CCD 阵列成像的磷板来构成一个集成的磷探测器系统,提高其抵抗辐射的能力可以通过加固电路来实现。

对于核辐射微传感器来说,通常总是希望采用半导体材料制作,尤其是硅。辐射被半导体材料所吸收,吸收量取决于材料的特性和辐射能。与核辐射的吸收有关的 3 个主要的过程是能量低时光电效应占主导地位,中间能级时以康普顿效应为主,高能量时以电子对产生为主,如图 5-24 所示。

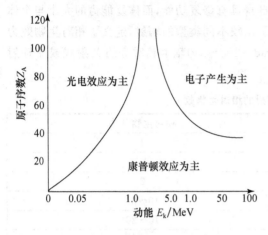

图 5-24　核辐射吸收的三种过程

图 5-25 所示为几种半导体材料的吸收系数 α 的变化与光子能量的关系,分别表示了光电效应、康普顿效应和电子对产生的影响。

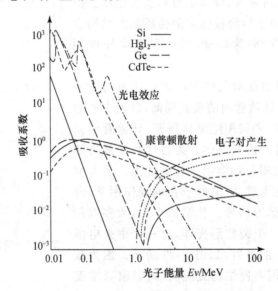

图 5-25　半导体材料的吸收系数 α 与光子能量的关系

吸收系数表示的是入射能量的强度随入射深度的衰减,基本上是指数关系,可以用如下的关系式表示:

$$I_R = i_{R_0} \exp(-\alpha x) \tag{5-28}$$

光电效应在低于 100 keV 低能级时,占主导地位,对于探测 X 射线和 γ 射线是十分重要的。发生光电效应时,能量为 $h\nu$ 的光子将其能量传递给束缚的电子,禁带电子的束缚能 E_b

取决于所用的材料,电子空穴对的增加使宏观的电导增加,所激发的电子动能为:

$$E_k = (h\nu - E_b) \tag{5-29}$$

康普顿效应在 0.1~1MeV 的中间能级时,占主导地位,入射的光仅将其中一部分能量传递给禁带电子。较低能量的电子可以被光电效应完全吸收,再次发生康普顿散射。康普顿效应会产生导带电子,这也会改变材料的宏观电导率。

当光子能量大于 1.02MeV 时,入射光子被吸收后会产生正负电子对。所产生的电子和空穴在与正电子的碰撞中丢失能量,最后与一个电子复合,产生两个 γ 射线粒子,每个能量为 0.5MeV,这些 γ 射线也能通过康普顿效应或光电效应产生更多的电子空穴对。

尽管这三种效应能结合起来能产生电子空穴对,但是量子效率很低,每个入射光子所产生的电子空穴对的个数很少,而且量子效率主要取决于吸收系数,在较高能级急剧下降,此外,硅的电导率与所产生的光电流相比也很小,测量起来很困难,因此固态核辐射传感器通常采用光电二极管而非光敏电阻,所以此过程效率很低。

图 5-26 是光电二极管示意图,它是一个工作在反偏状态下的 pn 结,在耗尽区产生的电子-空穴对被分离而产生光电流。可以用电阻更低的硅,但性能要差的多,因为此时势阱和散射中心的数量,比在此工作温度下发生电离的施主与受主的密度都要高得多。硅的净掺杂量的典型值为 $10^{12}\,\mathrm{cm}^{-3}$ 数量级,虽然这取决于制造本征硅的方法。必须指出的是如果需要一种能够探测并阻挡高能入射辐射的探测器,就必须考虑采用原子量更大的材料。

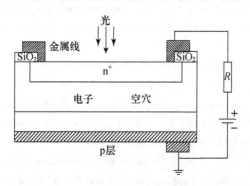

图 5-26 光电二极管示意图

固态光电二极管的分辨率比碘化钠探测器的分辨率要高一个数量级,因此,固态光电二极管可以用于高精度的能量谱分析。当工作在真空和低温状态下时,固态探测器的效率还可以进一步提高。但是探测器面积较大则成本较高,相比之下闪烁计数器的响应时间较快,可以在一定程度上弥补测量误差。在 PIN 辐射探测器中泄漏电流的主要来源是器件边缘的表面电导和热载流子,后一种效应可通过冷却探测器来减轻。

施加在某一表面的总辐射剂量可以用一层 5μm 的聚碳酸酯塑料薄膜来检测。当高电离性离子穿过时,会使薄膜发生机械破坏。随后对薄膜的刻蚀可以反映出轨迹,可以用显微镜观察和计数。入射线激发材料的亚稳态,到达此状态时,随后的加热会产生可见光子。

因此,材料可以反复用于测量 X 射线、β 射线和 γ 射线的剂量。

习 题

1. 简述光学微传感器的工作原理。
2. 光学传感器的性能参数有哪些?
3. 什么是辐射微传感器?并简述其工作原理。

参 考 文 献

[1] (美)国家科学院科学研究委员会. 微纳米技术的潜在应用前景. 刘俊,等,译. 北京:机械工业出版社,2004.

[2] Hombeck,L. 1995. Digital Light Processing and MEMS: Timely Convergence for a Bright Future. Available online 〈http://www.dlp.com/dlp_technology/images/dynamic/white_papers / 107_DLP_MEMS_Overview.pdf〉[July 2,2002]

[3] Sakaguchi T, Morioka Y, Yamasa KI M, et al. Rapid and onsite BOD sensing system usingluminous bacterial cells-immobilized chip. Biosensors and Bioelectronics, 2007, 22 (7): 1345~1350.

[4] Lee D, Lee S, Seong G H, et al. Quantitative analysis of methyl parathion pesticides in a polydimethylsiloxane mi-crofluidic channel using con-focal surface-enhanced raman spectroscopy. Applied Spectroscopy, 2006, 60 (4): 373~377.

[5] Yea K H, Lee S, Kyong J B, et al. Ultra-sensitive trace analysis of cyanide water pollutant in a PDMS microfluidic channel using surface-enhanced Raman spectroscopy. The Analyst, 2005, 130 (7): 1009~1011.

[6] Yang G, White I M, Fan X D. An opto-fluidic ring re-sonator biosensor for the detection of organophosphorus pes-ticides [J]. Sensors and Actuators: B, 2008, 133 (1): 105~112.

[7] Starikov D, Joseph C, Bensaoula A. Chip-based integrated filterless multi-wavelength optoelectronic biochemical sensors [C] // Sensors for Industry Conference. Houston, USA, 2005: 129~132.

[8] 张岩. 传感器应用技术. 福建:福建科学技术出版社,2005.

[9] Francisco Javier Meca Meca, et al. Infrared temperature measurement system using photoconductive PbSe sensors without radiation chopping. Sensors and Actuators, 2002,100: 206~213.

[10] 章吉良. 微传感器:原理、技术及应用. 上海:上海交通大学出版社,2005.

[11] Pankore JI. 19710 Optical Processes in Semiconductors. Dover Publications Inc., New York, USA,424.

[12] Sze SM. Semiconductor Devices, Physics and Technology. John Wiley & Sons Lnc., New York, USA,523.

[13] Weber KJ, et al. A Novel Low-cost, High-Efficiency Micromachined Silicon Solar Cell, IEEE Electron Device Letters, January, 2004,25(1): 37~39.

[14] Wmokwa. MEMS technologies for epiretinal stimulation of the retina. J. Miccormech. Microeng. 2004,14: 12~16.

[15] Audet S A, Schooneveld E M, Wouters S E, et al. High-pirity Silicon Soft X-Ray Imaging Sensor Array. Sensors and Actuators, Mar. 1990,22(1-3): 482~486.

第六章 化学微传感器与生物微传感器的应用

6.1 化学微传感器

能将各种化学物质的特性(如气体、离子、电解质浓度、空气温度等)的变化定性或定量地转换成电信号的传感器称作化学微传感器。化学微传感器通常指基于化学原理的、以化学物质成分为检测对象的一类传感器。目前这类传感器主要是利用敏感材料与被测物质中的离子、分子或生物物质相互接触而产生的电极电位变化、表面化学反应或引起的材料表面电势变化,并将这些反应或变化直接或间接地转换为电信号。

通常,化学微传感器的机理比物理微传感器复杂。目前化学微传感器还存在选择性、稳定性、标准、质量控制等问题,特别是要求能够在众多化学物质中有选择性地检测出特定物质是比较困难的。从化学反应角度出发,化学微传感器又可分为可逆与不可逆两大类。不可逆传感器用于检测时,其试剂相对消耗必须要小或可以被更新。可逆传感器则不受上述制约,故受到人们重视。

由于化学微传感器的种类和数量也很多,各种器件转换原理也各不相同,下面将主要介绍离子敏传感器、气敏传感器和湿敏传感器。

6.1.1 离子敏传感器

在大部分生化过程中离子起着极其重要的作用。测定人体内各种必需和非必需离子的含量对疾病的诊断、防治及发病机理的研究具有十分重要的意义。下面介绍几种在生物医学中应用较广泛的离子敏传感器。

1. 离子选择性电极

离子选择性电极(ion selective electrodes,ISE)是一类电化学传感器,它的电位对溶液中给定离子活度的对数呈线性关系。作为指示电极的 ISE 与另一合适的参照电极插入被测溶液构成一个化学电池,通过在零电流条件下测量两电极间的电势差求得被测物质含量。ISE 基本结构由敏感膜、内参比溶液、内参比电极组成,其中敏感膜是决定 ISE 性质的关键部分,所以 ISE 按膜的组成和性质可分为原电极和敏化电极两大类,本节介绍晶体膜电极和非晶体膜电极两种原电极。

(1) 晶体膜电极。

此类电极的膜一般是由难溶盐经加压线拉制成单晶、多晶或混晶的活性胶。其响应机制为晶格空穴引起的离子传导。一定膜的空穴只能容纳某种可移动的离子,其他离子则不能进入,而干扰则是由晶体表面的化学反应引起的。

① 均相膜电极。其敏感膜由单晶或由一种化合物或几种化合物均匀混合压片而成,如图 6-1 所示。

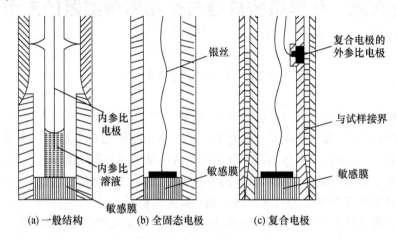

图 6-1 晶体膜电极结构

图 6-1(a)中,内参比电极常用 A 电极,参比溶液由电极种类决定。图 6-1(b)所示为全固态电极,银丝直接焊接在膜片上,银盐体系如 AgCl-Ag$_2$S、CaS-Ag$_2$S 等 ISE 均用这种形式(银盐体系 ISE 不能在具有还原性的溶液中使用),此类电极常用于检测 Cl$^-$、Br$^-$、I$^-$、Ca^{2+}等。图 6-1(c)所示为复合电极,它与外参比电极结合在一起构成一个测量电池,结构紧凑,可制成微型电极,适合于少量试液和生物体内含量。

均相晶体膜电极的膜电势的形成不需水化层,故使用前不必浸泡,没有太大电势漂移;响应时间快,仅需几秒钟;敏感膜稍划伤也不致使整个电极失效,并可用细砂纸打磨出新表面而恢复电极性能。使用中,应将其安装在与垂直方向成 20°角的位置,以防止装晶体膜的凹槽内留有气泡。

② 非均相膜电极。其敏感膜由各种电活性物质和惰性基质(如硅橡胶、聚氯乙烯或石蜡)混合组成。它可以改善晶体的导电性和赋予电极很好的机械性能,使薄膜具有弹性,不易破裂或擦伤。可用于检测 Cl$^-$、Br$^-$、I$^-$、SO$_4^{2-}$、F$^-$离子。非均相晶体膜电极在第一次使用时需预先浸泡,以防止电势漂移,但浸泡过度时也会出现电势漂移。此类电极响应较慢,响应时间需要 15~60 s。

(2) 非晶体膜电极。

① 玻璃电极。它是由离子交换型的刚性基底薄膜玻璃熔融烧制而成,膜电势通过膜相与试液中的金属离子或氧离子在相界面交换而产生。

pH 玻璃电极的敏感膜是由固熔体玻璃薄膜构成。玻璃电极最常见的为球形玻璃膜电极。内参比电极常用 Ag/AgCl 电极,内参比溶液常用 0.1 mol·L^{-1}的 HCl 溶液。玻璃膜是由特殊成分玻璃制成的厚约 0.03~0.1mm 的球状薄膜,其化学组成对 pH 电极性能影响很大。纯二氧化硅制成的石英玻璃的晶格结构中没有可供离子交换的电荷点,不能形成敏感膜。当把碱金属氧化物加入玻璃后,则原来晶体中的部分硅氧键断裂,形成晶格氧离子并与 Na^+ 形成离子键。而晶格氧离子与 H^+ 的键合力比与 Na^+ 的键合力强得多,所以其中的 Na^+ 可以和溶液中的 H^+ 发生交换并扩散,因而对 H^+ 有较强的选择性。当玻璃膜与水溶液接触时,Na^+ 被 H^+ 置换,在玻璃表面形成水化凝胶层,简称水化层,如图 6-2 所示。

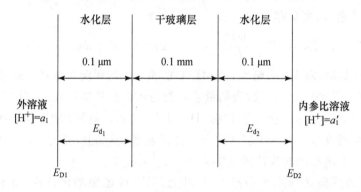

图 6-2 水化玻璃电极膜结构及膜电势建立示意图

水化层是 H^+ 进行交换的场所,在该层中的 Na^+ 能与溶液中的 H^+ 交换,建立起水化层与溶液之间的界面电势 E_{D1}、E_{D2}。在每一水化层中还存在一个扩散电势 E_{d1}、E_{d2},它是由于在玻璃膜中 H^+ 和 Na^+ 的浓度不同而引起的,对选定的电极 E_{d1}、E_{d2} 为常数。当内部溶液活度不变时,E_{D2} 亦为常数,则玻璃膜电势 $E_M = E_{D1} + E_{D2} + E_{d1} + E_{d2}$ 将只随 E_{D1} 改变而改变,其值与离子活度的关系遵守 Nernst 公式,即:

$$E_M = 常数 + \frac{RT}{F}\ln a_i = 常数 + 0.0591\ln a_i \tag{6-1}$$

式中:a_i 为待测离子活度。当外溶液(试液)中有另一种干扰离子存在时,玻璃膜电势为:

$$E_M = 常数 + \frac{RT}{F}\ln(a_i + K_{ij}^{pot} \cdot a_j) \tag{6-2}$$

式中:K_{ij}^{pot} 为干扰离子 j 对待测离子 i 的影响值,称选择性系数;a_i 为待测离子的活度;a_j 为干扰离子的活度。

可见,只有当 K_{ij}^{pot} 足够小时,干扰才可忽略,当用 pH 玻璃电极测定 pH>9 的溶液或 Na^+ 浓度较高的溶液时,测得的 pH 将偏低,这种现象称为碱差。当测量 pH<1 的强酸溶液时,测得的 pH 比实际值偏高,则称为酸差。

pH 玻璃电极选择性高、电势稳定、寿命长,在临床中应用广泛。但膜内阻高、膜常受生物样品中某些成分(如蛋白质沉淀)的影响,体内测定时需考虑安全性问题。

改变玻璃组成成分可以改变电极对不同离子的相对灵敏度。如果在玻璃中加入铝的氧化物(如 Al_2O_3)制成铝硅酸盐玻璃薄膜,则会降低玻璃电极对 H^+ 的响应性能,增加对其他阳离子的选择性能,可以制成 Na^+、K^+、Ag^+ 玻璃电极,但受其他干扰离子的影响较大,应根据不同应用场合正确运用,目前已有其他类型的性能更好的一价金属阳离子选择电极可供选用。

对玻璃电极,此时水化层表面被 H^+ 以外的阳离子所占据,其对一价阳离子选择性的顺序与离子的负性和在水化凝胶层中的浓度有关。对 Na^+ 选择电极,其选择次序为:

$$Ag^+ > H^+ > Na^+ \gg K^+ > Li^+ > \cdots > Ca^+$$

因此,对 Na^+ 电极,当只存在 Na^+、H^+、K^+ 时,有:

$$E_M = E^{\ominus} + \frac{RT}{F}\ln(a_{Na^+} + 10a_{H^+} + 0.005a_{K^+}) \tag{6-3}$$

式(6-3)表明,pH 低时,对 E_M 影响大;但 pH 高时,对 E_M 的影响可忽略。此外,电极对 Na^+ 的灵敏度是对 K^+ 的 200 倍。因此,当测量哺乳类动物细胞外体液(a_{Na^+} 为 153×10^{-2} mol/L,a_{H^+} 为 5×10^{-3} mol/L,pH 接近于 7)时,H^+ 和 K^+ 对 Na^+ 电极的电极电势影响可忽略不计,即对大部分生理液体可以无干扰地进行 Na^+ 的测量,事实上,测定 Na^+ 用内参比溶液为 0.1 mol/L 的 NaCl,电极的响应浓度范围为 $1\sim10^{-8}$ mol/L。

玻璃电极在使用前必须用水浸泡 24 h 以上,以形成稳定的水化层(此称为电极的熟化)。水化层一经建立,就不允许损坏,不用时应浸在水中贮存。对敏感膜的任何擦伤均会损坏水化层,膜表面沾上油腻或生物黏液可使水化层灵敏度显著降低,此时应用蒸馏水小心冲洗,然后用滤纸轻轻擦拭。对 pH 电极,可依次用 6 mol/L HCl 洗涤,再用蒸馏水冲洗,并用 70% 乙醇浸泡 5 min,最后再在蒸馏水中浸泡 2 天以上,膜不能接触腐蚀玻璃的物质如浓乙醇、浓 H_2SO_4、HF 等。

② 液膜电极。液膜电极又称活动载体膜电极,其敏感膜是以液体离子交换剂为敏感物质而形成的一种液态膜,此类电极的机制与玻璃电极类似。内参比电极常用 Ag/AgCl 电极,多孔惰性物质(如多孔玻璃、多孔石墨、聚四氟乙烯、聚氯乙烯等)制成薄片状作为液膜的支撑体。而聚氯乙烯(PVC)膜电极是将液体离子交换剂固定在聚氯乙烯高聚物中并制成薄膜片。PVC 膜电极并不需要另加液体离子交换剂,免去了繁琐的液膜溶液补充和调换手续,使用方便(但需经常更换 PVC 膜)。涂丝电极由 PVC 膜直接沉积在金属丝(一般为 Pt)上构成,它去掉了内充溶液,制作简单,便于微型化,并可用于制作微型传感器。液膜电极常用于检测 Ca^{2+}、Mg^{2+}、Pb^{2+}、Cl^- 等离子。由于敏感膜不含水化层,故使用前不需要浸泡,可干放保存,其响应速度较快,响应时间在 10 s 以内。

近年来,利用分子设计合成中性载体作为 ISE 的敏感膜研究十分活跃。中性载体是一种电中性的有机化合物,它具有连续的定域电荷,能与被测离子形成络合物。根据分子结构的特点,已合成多种作为离子敏感膜的中性载体。其中,缬氨酶素电极已经实用化,且大都为 PVC 膜形式,其 $K(K^+/Na^+)$ 为 10^{-6},可在高 Na^+ 情况下测定 K^+,在临床中获得广泛应用。

除中性载体外,液膜电极的离子交换剂载体中还有一类称为带电荷(正电荷或负电荷)

的离子交换剂载体,能与待测离子结合形成中性配合物。其活性材料较易得到,有广泛的响应谱,并可响应有机离子,扩大了 1SE 可测离子的种类。

2. 离子选择性微电极

医学研究中需要测量体内及细胞内外离子的浓度,在常规生化检测及细胞内液检测中也要求尽量减少液量。因此,对 ISE 提出了微型化的要求,离子选择性微电极(ion selective microeloctrodes, ISM)则应运而生。图 6-3 所示为一种血管内 pH 玻璃微电极。这种电极选择性好,但由于内阻高易受电磁干扰,且响应时间较慢。

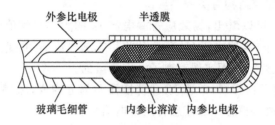

图 6-3 半透膜 pH 玻璃微电极

本节以离子敏场效应管(Ion-Sensitive Field-Effect Transistor, ISFET)为例。ISFET 的结构和一般的场效应管基本相同。为了理解离子敏场效应管的原理,我们先介绍一下场效应管的工作原理。

图 6-4 所示为场效应管的结构,它是在 p 型硅衬底上扩散两个 n^+ 区形成半导体基底,将两个 n^+ 区用电极引出,分别作为源极和漏极,以 S 和 D 表示。在源极和漏极区之间的表面生成 SiO_2 绝缘层,再在源极和漏极之间的绝缘层上蒸镀一层金属电极,并用电极引出作为栅极,以 G 表示。

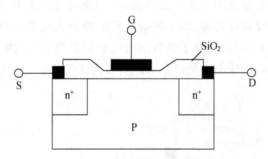

图 6-4 场效应管的结构

在源极和漏极之间施加电压是不会引起源极和漏极导通的,不过,如果在栅极与源极之间施加电压 U_{GS},会导致栅极与源极之间的电荷移动,并在栅极绝缘层下的 p 型半导体材料的表面大量积聚负电荷面形成反型层。若 U_{GS} 大于一定的阈值电压 U_T,栅极绝缘层下面将形成强反型层,使 p 型衬底沿栅极绝缘层的栅极与源极之间形成 n 型沟道,若在源极和漏极之间施加电压,则带电粒子将沿着该沟道流通,形成漏极和源极之间的沟道电流,又称作漏电流,用 I_D 表示。

当 $U_{DS} < U_{GS} - U_T$(场效应管工作在非饱和区)时,漏电流的大小为:

$$I_D = \beta(U_{GS} - U_T - \frac{1}{2}U_{DS})U_{DS} \qquad (6-4)$$

当 $U_{DS} \gg U_{GS} - U_T$(场效应管工作在饱和区)时,漏电流的大小为:

$$I_D = \frac{1}{2}\beta(U_{GS} - U_T)^2 \qquad (6-5)$$

式中:β 是一个与场效应管结构有关的系数。

从式(6-4)、式(6-5)可以看出,场效应管漏电流 I_D 的大小与阈值电压 U_T 有关,特别是在 U_{DS}、U_{GS} 恒定的情况下,阈值电压 U_T 的变化将引起漏电流 I_D 的变化,而离子敏场效应管正是利用场效应管的上述特性而实现对离子浓度测量的。

离子敏感器件由离子选择膜(敏感膜)和转换器两部分构成,敏感膜用以识别离子的种类和浓度,转换器则将敏感膜感知的信息转换为电信号。

离子敏场效应管的结构和一般的场效应管之间的不同在于:离子敏场效应管没有金属栅电极,而是在绝缘栅上制作一层敏感膜。敏感膜的种类很多,不同的敏感膜所检测的离子种类也不同,从而具有离子选择性。例如,以 Si_3N_4、SiO_2、Al_2O_3 为材料制成的无机绝缘膜可以测量 H^+、pH;以 AgBr、硅酸铝、硅酸硼为材料制成的固态敏感膜可以测量 Ag^+、Br^-、Na^+;以聚氯乙烯活性剂等混合物为材料制成的有机高分子敏感膜可以测量 K^+、Ca^{2+} 等等。

图 6-5(a)为离子场效应管的结构示意图,从图中可以看出,与一般的场效应管相比,离子敏场效应管的绝缘层(Si_3N_4 或 SiO_2 层)与栅极之间没有金属栅极,而是含有离子的待测量的溶液。在绝缘层与溶液之间是离子敏感膜,离子膜可以是固态也可以是液态的。含有各种离子的溶液与敏感膜直接接触,离子场效应管的栅极是用参考电极构成的。由于溶液与敏感膜和参考电极同时接触,充当了普通场效应管的栅金属极,因此,构成了完整的场效应管结构,其源极、漏极的用法与一般的场效应管没有区别。

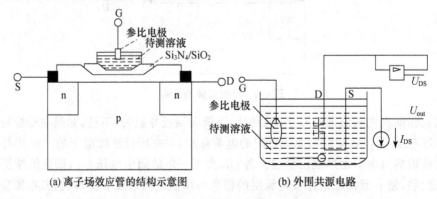

(a) 离子场效应管的结构示意图　　(b) 外围共源电路

图 6-5　离子场效应管的结构及电路

第六章 化学微传感器与生物微传感器的应用

如果采用图 6-5(b)所示的外围共源电路连接,通过参考电极将栅电压 U_{GS} 加于离子敏场效应管(1SFET),那么,在待测溶液和敏感膜的交界处将产生一定的界面电位 ϕ_i,根据能斯特方程,电位 ϕ_i 的大小和溶液中离子的活度 a_i 有关。

离子敏场效应管是以普通场效应管为基础的,因此具有场效应管的优良特性,如转移特性、输出特性、击穿特性等。而作为离子敏器件,它还应满足敏感元件的一些基本特性要求,例如响应性、离子选择性、输出稳定性等,这些特点使得它在生物医学测试中将有广泛应用前景。

(1) 线性度:指器件在特定的测量范围内的输出电流 I_{DS} 随待测溶液中离子浓度的变化而变化的对应特性,如图 6-6(a)所示。

(2) 动态响应:指溶液中的离子活度阶跃变化或周期性变化时,离子敏场效应管栅源电压 U_{DS}、漏极电流 I_{DS} 或输出电压 U_{out} 随时间而变化的情况。图 6-6(b)为 Na^+ 离子敏场效应管 U_{GS} 的与时间之间的阶跃响应曲线。

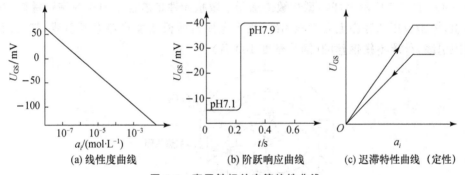

(a) 线性度曲线　　(b) 阶跃响应曲线　　(c) 迟滞特性曲线(定性)

图 6-6　离子敏场效应管特性曲线

(3) 迟滞:指溶液中离子活度由低值向高值变化或由高值向低值变化,离子敏场效应管的输出的重复程度。图 6-6(c)为 Na^+ 离子敏场效应管 U_{GS} 的迟滞特性曲线(定性)。

(4) 选样系数:在待测溶液中,一般总是存在着多种离子。相对于待测离子而言,其他离子对待测离子的测量或多或少地有所干扰,这些离子称作干扰离子。待测离子与干扰离子都会在离子敏场效应管的敏感膜产生界面电位。在相同的电气与外界条件下,引起相同界面电位的待测离子活度 ϕ_i 与干扰离子的活度 ϕ_j 之间的比值称作选择系数,用 K_{ij} 表示。显然,选择系数 K_{ij} 越小,离子敏传感器的选择性越好。

6.1.2　气敏传感器

目前,用于检测气体成分的方法很多,常见的检测气体的方法有电化法、光学法、电气法。电气法所用气敏元件主要是半导体式和接触燃烧式两类,其中,半导体气敏元件具有更多的优点,例如灵敏度高、制作方法简单、价格便宜、响应速度快等。

1. 电阻式气敏传感器原理

电阻式气敏传感器的敏感元件多采用半导体材料如 SnO_2,当这种半导体材料表面吸附某些气体时,其电导率将随气体浓度的不同而发生改变。

SnO_2 是由许多晶粒组成的 n 型多晶体，其内部的电阻值可以等效为三种：晶粒与晶粒之间的晶间电阻 R_n、单个晶粒的表面电阻 R_s 和单个晶粒的体电阻 R_b，三类等效电阻串联连接，其中体电阻不受吸附气体的影响，而表面电阻 R_s 和晶间电阻 R_n 的阻值则随吸附气体的浓度而变化。又由于 $R_n \gg R_s$，故晶体电阻与晶间电阻 R_n 等效。

晶粒与晶粒相互接触的表面(即晶界)存在着势垒；当其表面吸附还原性气体时，还原性气体(如 CO 或 H_2)就与晶粒所吸附的氧发生反应，将其电子给予半导体。进入到 n 型半导体内的电子，束缚其少数载流子的空穴，使空穴与电子的复合率降低。结果加强了自由电子形成电流的能力，因而元件材料的电导率提高、电阻率减小，电阻也减小；与此相反，若 n 型半导体元件吸附氧化性气体(如 O_2)，这些吸附态的氧化性气体从晶粒表面俘获电子，增大了材料表面的电子势垒，结果使导带电子数目减少，材料电导率降低、电阻率升高，电阻也增加。

目前广泛使用的电阻式气敏传感器主要有烧结型、薄膜型和厚膜型三种，敏感元件的材料多为 SnO_2，图 6-7 所示为烧结型气敏传感器。敏感元件是悬挂于中央的陶瓷材料(SnO_2)气敏电阻，树脂模压的底座上有六根引线(贵重金属)，两根是加热器电源引线，其余两根为测量电阻引线，外罩不锈钢丝网(网孔密度 100 目)。

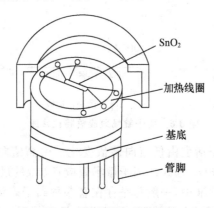

图 6-7 烧结型气敏传感器

2. 电阻式气敏传感器的特性

电阻式气敏传感器具有灵敏度高、响应速度快等优点。但是其选择性和稳定性存在一定问题，温度、湿度对其特性都有较大的影响。

(1) 温度的影响

气敏传感器电阻值的温度特性如图 6-8 所示。可以看出，无论是同类敏感材料的不同掺杂，还是对不同的气体敏感的不同材料，其电阻都随温度发生变化。

由图 6-8 可见，气敏传感器的灵敏度与温度有着很大的关系。有意思的是，对于每种传感器，气敏传感器的灵敏度与温度的变化关系存在一个峰值，这个峰值所处的温度点为最佳工作温度。这是值得利用的特点，例如可通过加热，以及温度控制的办法提高气敏传感器的灵敏度以及稳定性。

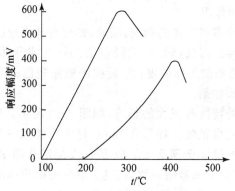

图 6-8 气敏传感器的温度特性

SnO_2 气敏传感器在通电之前吸附着大量的水分子,通电后的一段时间内,由于加热器的作用,传感器的电阻值随温度的上升而下降,当温度上升到一定值之后,传感器吸附的水逐渐蒸发,电阻值就会由低变高。因此,传感器通电初期其电阻值的输出有一个过渡时间,无论是定量测量还是阀值报警,电路应注意气敏传感器通电初期的过渡状态。

(2) 湿度的影响

气敏传感器的电导 G 和灵敏度受湿度的影响也比较大,图 6-9 表明了这一特性。

图 6-9(a) 表明,传感器在潮湿空气中(水蒸气分压 $p_水$ 为 2.6×10^3 Pa)的电导值随温度的上升而迅速增加;温度高于 200 ℃,电导值随温度的上升而下降;在大于 600 ℃ 的高温范围内,潮湿空气和干燥空气(水蒸气分压为 2×10^2 Pa)的电导值随温度的变化趋于一致。因此,选择气敏传感器的工作温度时,应考虑湿度对电导的影响,尽可能选择较高的工作温度。

图 6-9(b) 表明,在不同的温度下,传感器的电导受水蒸气分压影响的程度是不一致的,不过无论在什么温度下,电导与水分压总是呈线性关系,并且可近似表示为:

$$G = G_0 + K_水 (p_水)^{1/x} \tag{6-6}$$

式中:G_0 和 G 分别为干燥空气和潮湿空气中气敏传感器的电导;$p_水$ 为水蒸气分压;$K_水$ 为比例因子;x 为常数,约等于 2。

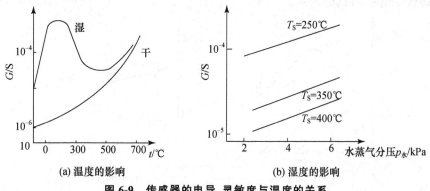

(a) 温度的影响   (b) 湿度的影响

图 6-9 传感器的电导、灵敏度与湿度的关系

(3) 催化剂和添加剂的作用

由于气敏传感器可以受多种气体的调制,因此,如何有选择地探测指定的气体就显得非常重要。改进半导体气敏传感器选择性的途径包括:① 在半导体气敏材料中加入催化剂和添加剂;② 控制气敏传感器的工作温度;③ 特殊的敏感表面;④ 采用过滤器。其中最有效的办法是加入催化剂或添加剂。

催化剂对气敏传感器的特性有很大的影响,如图 6-10 所示。SnO_2 材料中不添加催化剂,其灵敏度很低,响应速度也很慢。如果在 SnO_2 材料中掺入一定量的催化金属,会对灵敏度产生很大影响。常用的催化金属有 Pd、Pt 等。添加催化剂增大了气敏传感器的灵敏度,同时加速了还原性气体分子的吸附过程,提高了器件的响应速度。

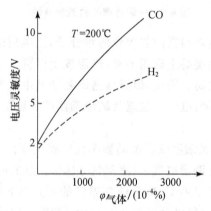

图 6-10 催化剂对选择性的影响

不同的催化剂或添加剂能够提高传感器对不同气体的灵敏度,从而可以提高气敏传感器的选择性。另外,催化剂的含量同样能提高气敏传感器的选样性。

金属钯可以在一定程度上改善气敏传感器的温度特性,不同含量的钯的作用效果不同,这是由于 SnO_2 表面对氧吸附的激活能不同造成的。钯掺杂量多、活性高的气敏材料,电阻值随温度的变化也较快,如图 6-11(a)所示。钯掺杂量少、活性低的气敏材料,电阻值随温度的变化较缓慢,如图 6-11(b)所示。

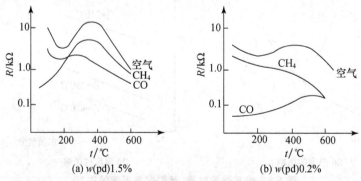

图 6-11 钯含量对湿度特性的影响

6.1.3 湿敏传感器

一般可以将湿敏传感器分为两大类即水分子亲和力型和非分子亲和力型。

1. 水分子亲和力型湿敏传感器

敏感材料一般有氯化锂电解质、高分子材料、金属氧化物和金属氧化物陶瓷。根据敏感材料的不同,对应的湿敏传感器的类型和结构也各有不同,因此湿敏传感器的种类繁多。

下面介绍一下 $MgCr_2O_4$-TiO_2 系陶瓷湿敏传感器。

$MgCr_2O_4$-TiO_2 系金属氧化物陶瓷以耐高温而著称,如果在这种氧化物中掺加 TiO_2 则可进一步改善它的高温机械性能和热性能。此外,$MgCr_2O_4$-TiO_2 系陶瓷具有 p 型半导体材料的特性。由于 $MgCr_2O_4$-TiO_2 系多孔质陶瓷具有优良的湿敏特性,并且耐热和物理、化学性能稳定,因此,可以用来制成新型湿度传感器。

由于多孔质陶瓷湿敏材料表面积大,所以湿敏传感器可以做得很小而不影响湿敏特性,体积小使得测湿响应速度较快。这种传感器在高温和高湿环境(例如 80℃、95%RH)下长期暴露放置,特性会劣化,表现为电阻值上升、灵敏度降低。不过在此情况下,可将湿敏传感器加热至 360℃ 以上,就可恢复其感湿特性。此外,由于能加热去污,传感器的长期稳定、耐高温高湿性能和耐恶劣环境性能等都比较优秀。

2. 非水分子亲和力型湿敏传感器

热敏电阻式湿敏传感器是利用热力学方法来测量湿度的,所以传感器的测湿响应速度快,理论上不存在滞后。

图 6-12(a) 所示为热敏电阻式湿敏传感器的桥路,热敏电阻 R_1、R_2 是电桥的两个臂。电源 E 所供电流的焦耳热使处于工作状态的 R_1 和 R_2 保持在 200℃ 左右的温度。R_1、R_2 的组装结构如图 6-12(b),R_1 置于经常与大气相接触的开孔金属盒内,R_2 则置于密封的金属盒内(图中没画出),两盒的外形及尺寸相同但 R_2 所在盒内封装着干燥空气。由两盒反桥路元件所组成的传感器,结构紧凑,可认为处于同一温度场。R_3、R_4 是电桥另外两个臂,R_5 占为调节电阻。将 R_1 置于干燥空气中,调节电桥平衡,使输出端 A、B 间电压为零。当 R_1 处于待测含湿空气中时,因含湿空气与干燥空气换热系数的差异,如图 6-13 所示,R_1 被冷却而电阻值增高,电桥平衡被破坏,从而产生 B 端高于 A 端的电压输出信号。

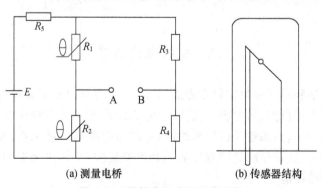

(a) 测量电桥　　　　(b) 传感器结构

图 6-12　热敏电阻式湿度传感器

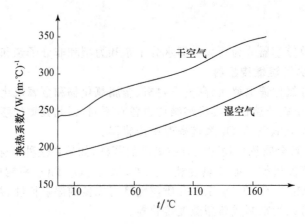

图 6-13 干、湿空气传热特性

热敏电阻式湿敏传感器的测量特性受温度的影响是不言而喻的，图 6-14 通过实验从不同角度说明了温度对测量的影响。图 6-14(a)以温度为参变量显示了相对湿度与输出电压的关系曲线；图 6-14(b)是相同条件下，以相对湿度为参变量显示了温度与输出电压的关系曲线。

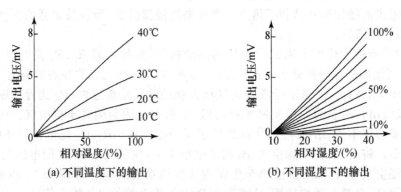

(a) 不同温度下的输出　　　　　　(b) 不同湿度下的输出

图 6-14 热敏电阻式湿敏传感器特性

6.2 生物微传感器

生物微传感器是利用各种生物物质做成的、用于检测与识别生物体内化学成分的传感器。生物或生物物质是指酶、微生物和抗体等，它们的高分子具有特殊的性能，能够精确地识别特定的原子和分子，如酶是蛋白质形成的，并作为生物体的催化剂，在生物体内仅能对特定的反应进行催化，这就是酶的特殊性能。对免疫反应，抗体仅能识别抗原体，并且有与它形成复合体的特殊性能。

生物微传感器并不专指用于生物技术领域的传感器，它的应用领域还包括环境监测、医疗卫生和食品检验等。生物传感器技术与纳米技术相结合将是生物传感器领域新的生长点，其中以生物芯片为主的微阵列技术是当今研究的重点。

按照其感受器中所采用的生命物质分类，生物传感器可分为：酶传感器、微生物传感器、组织传感器、细胞传感器、免疫传感器、基因芯片等。下面分别介绍这几种传感器。

6.2.1 酶传感器

（1）酶传感器的基本原理

酶传感器的基本原理是利用电化学装置检测酶在催化反应中生成或消耗的物质（电极活性物质），将其变换成电信号输出。

（2）酶电极

常见的并达到实用化的一类酶传感器是酶电极。将酶膜设置在转换电极附近，被测物质在酶膜上发生催化反应后，生成电极活性物质，如 O_2、H_2O_2、NH_3 等，由电极测定反应中生成或消耗的电极活性物质，并将其转换为电信号。

根据输出信号的方式，有电流型和电位型两类。电流型是从与催化反应有关物质的电极反应所得到的电流来确定反应物质浓度，一般有氧电极、燃料电池型电极、H_2O_2 电极等。电位型通过测量敏感膜电位来确定与催化反应有关的各种离子浓度，一般采用 NH_3 电极、CO_2 电极、H_2 电极等。

酶电极的特性除与基础电极特性有关外，还与酶的活性、底物浓度、酶膜厚度、pH 和温度等有关。

一种葡萄糖酶电极结构的敏感膜为葡萄糖氧化酶，它固定在聚乙烯酰胺凝胶上。转换电极为极谱式氧电极（Clark 氧电极），其 Pt 阴极上覆盖一层透氧聚四氟乙烯膜。当酶电极插入被测葡萄糖溶液中时，溶液中的葡萄糖因葡萄糖氧化酶（GOD）作用而被氧化，此过程中将消耗氧气，生成 H_2O_2，反应式为：

$$C_6H_{12}O_6 + O_2 \xrightarrow{GOD} C_6H_{10}O_6 + H_2O_2 。 \tag{6-7}$$

此时在氧电极附近的氧气量由于酶促反应而减少，相应使氧电极的还原电流减小，通过测量电流值的变化即可确定葡萄糖浓度。

为适应传感器微型化的需要，发展了一种酶敏 FET，如图 6-15 所示中的白蛋白膜为对葡萄糖不敏感的参考膜，它同酶敏 FET 及 Au 参考电极一起构成差分测量系统，可解决参考电极微型化问题。

酶敏 FET 的一大优点是仅需微量试液。利用这种酶敏 FET 已开发出一种经皮血糖测定系统。通过一个吸引槽将皮肤表面保持微弱真空，可抽吸得到微量的经皮浸出液，此浸出液中含有葡萄糖及尿素等物质，由酶敏 FET 便可测得其中葡萄糖含量。

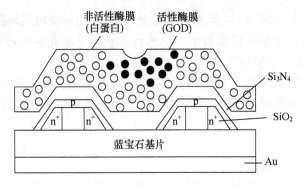

图 6-15 酶敏 FET 结构

一种光寻址电位传感器(light addressable potentiometric sensor，LAPS)的基本原理同样是基于电场效应使器件对绝缘层与电解质溶液间界面变化敏感。只是 LAPS 采用调制光束照射,使器件对该电位变化的响应由光电流所调制并用锁相技术检测。LAPS 绝缘层表面的固定化酶膜与溶液中底物发生酶促反应引起绝缘层表面电位变化,相应地改变了光电流幅值 I。若改变偏置电压 U 使 I 维持不变。则 ΔU 将反映出该电位的变化,在一定范围内,ΔU 与酶量或反应产物成正比。LAPS 是利用光束对半导体器件不同部位进行照射,可选择性地激活 LAPS 的不同敏感部位,使其成为一种结构简单而具多参数或多样品同时检测功能的传感器,为细胞的生理、生化过程中同时连续监测多种参数变化提供了一种手段。LAPS 还具有灵敏度极高、稳定性较高、测量范围宽、所需样品少、检测时间短等特点。

（3）固定化酶传感器

固定化酶传感器是由 Pt 阳极和 Ag 阴极组成的极谱记录式 H_2O_2 电极与固定化酶膜构成的。它是通过电化学装置测定由酶反应过程中生成或消耗的离子,由此通过电化学方法测定电极活性物质的数量,可以测定被测成分的浓度。固定化酶传感器是由固定化酶与传感元件两部分组成。由于酶是水溶性的物质,不能直接用于传感器,必须将其与适当的载体结合,形成不溶于水的固定化酶膜。

6.2.2 微生物传感器

微生物传感器与酶传感器相比,价格更便宜、使用时间更长、稳定性更好。酶主要从微生物中提取精制而成,虽然它有良好的催化作用,但它的缺点是不稳定,在提取阶段容易丧失活性,精制成本高。酶传感器和微生物传感器都是利用酶的基质选择性和催化性功能。但酶传感器是利用单一的酶,而微生物传感器是利用多种酶有关的高度机能的综合,即复合酶。也就是说,微生物的种类是非常多的,菌体中的复合酶、能量再生系统、辅助酶再生系统、微生物的呼吸新陈代谢为代表的全部生理机能都可以加以利用。因此,用微生物代替酶有可能获得具有复杂及高功能的生物传感器。

微生物传感器是由固定微生物膜及电化学装置组成,如图 6-16 所示。微生物膜的固定方法与酶的固定方式相同。

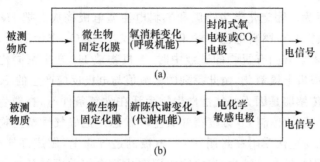

图 6-16　微生物传感器的基本结构

典型的微生物传感器即微生物电极,是酶电极的衍生型电极,其结构和工作原理类似酶电极,其差异主要由所采用的生物活性物质的性质决定。

微生物电极按测量信号可分为电流型和电位型两大类。一般来说,电流型传感器较电位型传感器更为优越:它的输出信号直接和被测物浓度呈线性关系;其输出值的读数误差所对应的浓度相对误差较小,灵敏度较高。

由于微生物有好气(O_2)性与厌气(O_2)性之分(也称为好氧反应与厌氧反应),所以传感器也根据这一特性而有所区别。微生物作为敏感膜材料与底物作用时一般有两种情况:

① 对好氧性微生物,在与底物作用的同时(称为同化有机物),其细胞的呼吸活性提高,耗氧量增大。用氧电极或 CO 电极测定其呼吸活性,便可求出底物浓度,此类传感器为呼吸活性测定型。

② 对厌氧性微生物,其微生物同化被测有机物后,将生成各种代谢产物,如 CO_2、H_2、H^+ 等,可利用相应的 ISE 测得代谢产物浓度,进而测定底物浓度,这类传感器为代谢物质测定型传感器。

图 6-17(a)中,将好氧性微生物固定化膜装在 Clark 氧电极上就构成呼吸活性测定型微生物电极。把该电极插入含有可被同化的有机化合物样品溶液中,有机化合物向微生物固定化膜扩散而被微生物摄取(即同化)。这样,扩散到氧探头上的氧量相应减少,氧电极电流下降,故可间接求得被微生物同化的有机物浓度。

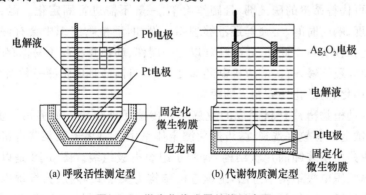

图 6-17　微生物传感器结构示意图

图 6-17(b)所示为由固定化微生物膜和燃料电池型电极构成。把 H_2 产生菌固定在寒天凝胶膜上,并将膜安装在燃料电池型的 Pt 阳极上,以 Ag_2O_2 作为阴极,磷酸缓冲液为电解液。当传感器插入含被测有机物的试液中时,有机物被 H_2 产生菌同化生成 H_2,生成的 H_2 向阳极扩散,在阳极上被氧化,由此得到的电流值与电极反应产生的 H_2 量成正比。

好气性微生物传感器是因为好气性微生物生活在含氧条件下,在微生物生长过程中离不开 O_2,可根据呼吸活性控制 O_2 浓度得知其生理状态。把好气性微生物放在纤维蛋白质中固化处理,然后把固定化膜附在封闭式 O_2 电极的透气膜上,做成好气性微生物传感器。把它放入含有有机物的被测试液中,有机物向固定化膜内扩散而被微生物摄取。微生物在摄取有机物时呼吸旺盛,氧消耗量增加。余下部分氧穿过透氧膜到达 O_2 电极转变为扩散电流。当有机物的固定化膜内扩散的氧量和微生物摄取有机物消耗量达到平衡时,到达 O_2 电极的氧量稳定下来,得到相应状态电流值,该稳态电流值与有机物浓度有关,可对有机物进行测定。

对于厌氧性微生物,由于 O_2 的存在妨碍微生物的生长,可由其生成的 CO_2 或代谢产物得知其生理状态。因此,可利用 CO_2 电极或离子选择电极测定代谢产物。

通常微生物对各种有机物都有同化作用,单一地利用这些微生物不可能构成选择性优良的传感器。应选择对被测物有特异性的微生物,或将微生物与酶结合起来构成复合膜,并改良电极,才能改善微生物传感器的选择性。

6.2.3 组织传感器

组织传感器也称组织电极。它以动植物组织薄片材料作为生物敏感膜的生物传感器,它是利用动植物组织中的酶作为反应催化剂,故其工作原理及结构也类似酶电极。

组织电极与酶电极相比有如下优点:① 组织电极中酶活性比酶电极所用的离析酶活性高。这是因为天然动植物组织中除酶分子外,还存在辅酶及酶促反应的其他必要成分,酶促反应处于最佳环境中,能保存与诱导酶的催化活性。② 酶的稳定性增强。由于酶处在适宜的自然环境中,同时又被"固定化"了,酶不易流失,可反复使用,寿命较长。③ 所用生物材料易于获取,可代替昂贵的酶试剂,且制作简单,一般不需进行固定化。但目前组织电极的选择性、灵敏度、响应时间、寿命等还不够理想。例如,动植物组织中会有许多酶,可催化多种底物而使选择性变坏。此外,还存在难以均一制作、动植物材料不易保存等问题。特别是有关的理论研究还不够,有关响应机制还知之甚少,目前尚难以预测一种新组织电极的性能。因此,距实用化、商品化还有相当的距离。

组织电极由动植物薄片材料制成的敏感膜和传感元件组成。传感元件多采用气敏电极,这是因为气敏电极有较好选择性,可避免测定体系中金属离子及某些有机分子的干扰。而且气敏电极膜是便于装卸的片状结构,有利于组织电极组装。图 6-18 是以 NH_3 电极为传感元件的动物组织电极结构示意图,组织电极结构为夹层式,内层为气敏电极敏感膜,中层为生物组织敏感膜,外层用尼龙网托扶,对组织切片膜起机械固定及保护作用。

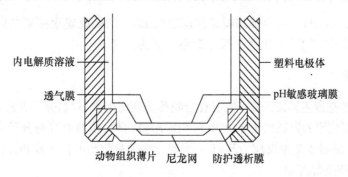

图 6-18　以 NH_3 电极为传感元件的动物组织电极结构示意图

组织电极按敏感膜材料可分为动物组织电极和植物组织电极两大类。由于人类对哺乳动物的代谢途径以及动物组织生理生化作用的研究较详尽，可以预见动物组织的生物催化性质，可以有目的地选择动物组织完成所需测量，因此，动物组织电极有较强实用性。植物组织虽然细胞较大，代谢缓慢，但机械强度较高、其繁殖生长部位的组织和贮藏养料广泛易得，制备简单，成本低廉，易于保存，其发展也较快。下面介绍两种组织电极。

(1) 猪肾-谷氨酰胺电极

该传感器结构如图 6-18 所示，它是利用肾组织中含有的谷氨酰胺水解酶催化试样中谷氨酰胺原理。

酶促反应生成的氨通过氨气敏电极的透气膜扩散到内充液中，破坏了内充液的化学平衡，使反应向左移动，改变了内充液的 pH。用平板 pH 玻璃电极测定 H^+ 离子的活度变化，进而推算出谷氨酰胺的含量。

(2) 夹壳豆-尿素电极

夹壳豆粉中含有脲酶，与尿素发生酶促水解反应，产物中有 NH_3 生成。此类传感器和组织电极一样，是一种多酶系统，有高度的生化活性，故亦可认为是酶传感器的衍生型。

6.2.4　细胞传感器

细胞器是功能高度集中的分子集合体，在其中能高效率地进行一系列代谢反应。不同的细胞器内含有一些独特的酶，且往往是多酶系统，故可用来测定由单一酶组成的传感器所不能测定的物质。此外，有些酶很不稳定，难以提取、纯化，若用含这种酶的细胞器，酶在其中处于稳定状态，便于制成合适的传感器。

由细胞分离出来的细胞器是粒状的，通常利用固定化技术将其制成薄膜状。常用的固定化方法有载体吸附法和高分子凝胶包埋法，以避免细胞器膜的构造被破坏。和组织传感器相比，细胞传感器需要较复杂的制备提取和固定化过程，这是它的不便之处。

典型的细胞传感器有检测 NADH(辅酶 I)的线粒体传感器。将除去外膜的线粒体经超声处理后，内膜便分散成粒子，这种粒子具有氧化磷酸化功能(称为电子传递粒子，即 ETP)。在 NADH 被氧化时，ETP 将电子最后传递给氧，氧被消耗，同时生成水，通过测定氧耗量即可测定 NADH。这种传感器是将固定化 ETP 的凝胶膜附在氧电极的透气膜上构成的。此法比常用的荧光法、比色法操作简便且更为迅速。

6.2.5 免疫传感器

酶和微生物传感器主要以低分子有机化合物作为测定对象,对高分子有机化合物识别能力不佳。利用抗体对抗原的识别和结合功能,可构成对蛋白质、多糖类等高分子有高选择性的免疫传感器,免疫传感器以免疫反应为基础,一般可分为非标记免疫传感器和标记免疫传感器。

(1) 非标记免疫传感器

非标记免疫传感器(也称直接免疫电极)不用任何标记物。其原理为蛋白质分子(抗原或抗体)携带有大量电荷,当抗原、抗体结合时会产生若干电化学或电学变化,涉及参数包括介电常数、电导率、膜电位、离子通透性、离子浓度等,检测其中一种参数的变化,便可测得免疫反应的发生。

非标记免疫传感器是使抗原、抗体复合体在受体表面形成,并将随之产生的物理变化转换为电信号。传感器按测定方法分两种:一种是把抗体(或抗原)固定在膜表面成为受体,测定免疫反应前后的膜电位变化,如图 6-19(a)所示;一种是把抗体(或抗原)固定在金属电极表面成为受体,然后测定伴随免疫反应引起的电极电位变化,如图 6-19(b)所示,敏感膜一般用共价键法固定化。

抗体膜(或抗原膜)与不同浓度的 1-1 价型电解质溶液(如 KCl)接触时,其膜电位 ΔU_1 近似为:

$$\Delta U_1 = \frac{RT}{F}\left[-\ln r + \ln\frac{-\theta+\sqrt{\theta^2+4c_1^2}}{-\theta+\sqrt{\theta^2+4c_2^2}} + (2t-1)\ln\frac{(1-2t)\theta+\sqrt{\theta^2+4c_1^2}}{(1-2t)\theta+\sqrt{\theta^2+4c_2^2}}\right] \quad (6-8)$$

式中:θ 为膜电荷密度;t 为迁移率;c_1、c_2 为电解质浓度;r 为 c_1/c_2。

此时将在抗体膜表面上形成抗原、抗体复合体。通过洗涤,除去未形成复合体的抗原和其他共存物质。在相同条件下测量抗原、抗体反应后的膜电位 ΔU_2,则由 $\Delta U = \Delta U_2 - \Delta U_1$ 可求出抗原浓度(注意应固定被测抗原浓度以外的各项因素不变,例如膜的抗体密度、抗原与抗体反应时间、膜电位测定条件等)。

非标记免疫电极的特点是不需额外试剂、仪器要求简单、操作容易、响应快。不足的是灵敏度较低、样品需要量较大、非特异性吸附造成假阳性结果。

(2) 标记免疫传感器

标记免疫传感器(也称间接免疫传感器)以酶、红细胞、放射性同位素、稳定的游离基、金属、脂质体及噬菌体等为标记物。其原理如下使一定量的标记抗原和等当量的抗体发生反应,抗原将全部与抗体结合而形成复合体;然后取与上述相同量的标记抗原和抗体,再加入被测非标记抗原。此时,由于标记抗原和非标记抗原与抗体发生竞争反应以形成复合体,使复合体中标记抗原一旦发生改变(减少或增加),据此可推断出抗原、抗体反应前存在的非标记抗原量(即被测对象)。

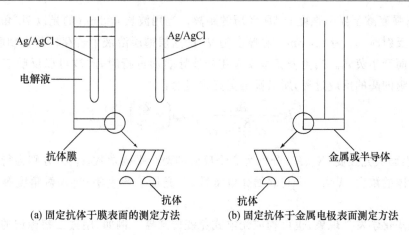

图 6-19　非标记免疫电极测定方法

采用具有化学放大作用的酶作标记物组成的标记酶免疫传感器具有较高灵敏度。由于是非放射性的,且部分产品已实用化,可望逐步代替放射免疫测定法。此类传感器的选择性依据抗体的识别功能,其灵敏度依赖于酶的放大作用。一个酶分子每半分钟可使 $10^3 \sim 10^6$ 个底物分子转变为产物,有些酶分子此数值可达 $10^6 \sim 10^7$,这种标记酶免疫传感器的工作原理主要有竞争法和夹心法。

标记免疫传感器与非标记免疫传感器相比,在目前更具实用性,一些酶免疫传感器已经在临床分析上应用于测定 IgG、hCG,检测极限可达 $10^{-12} \sim 10^{-9}$ g/mL。这类传感器所需样品量少,一般只要数微升至数十微升,灵敏度高,选择性好,可作为常规方法使用,但需加标记物,操作过程也较复杂。

此外,还发展了其他一些免疫传感器。例如,利用全内反射荧光的荧光免疫传感器,是将抗体、抗原固定到光学器件表面,实现生化信号向光电信号的转换。其基本原理是,当石英波导中一束光在石英-溶液界面上发生全反射时,在溶液中存在一个消失波,其强度沿 z 轴方向按指数形式衰减,如图 6-20 所示。

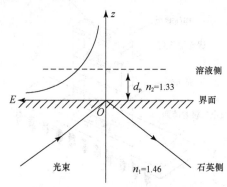

图 6-20　波导表面消失波强度分布示意图

d_P 为场强衰减至界面强度 e^{-1} 所经历的距离。当用波长 488 nm 的光以 70°角入射并在界面发生全反射时，d_P 为 144 nm。在厚度为 d_P 的这层薄层溶液中若存在荧光物质，则将因消失波激励而产生荧光。当免疫竞争反应在光波导表面进行时，此波可以反映表面由于竞争反应所吸附的酶的反应过程，所激励的荧光强度为：

$$I = \frac{Ac_e}{c_a \frac{K_a}{K_1} + c_e} \cdot \exp\left(-\frac{2z}{d_p}\right) \tag{6-9}$$

式中：I 为表面荧光强度；K_a、K_1 分别为竞争反应的两个平衡常数；c_a、c_e 分别为待测抗体与标记竞争抗体的浓度；A 为一个与表面介电常数、荧光量子产生率、光入射角度等参数有关的常数。

利用某些化学发光现象，也可构成光电式免疫传感器。例如，用嵌二萘标记的血清蛋白 (human serum albumin, HSA) 在电化学过程中发光。当标记 HSA 与抗体发生免疫络合时，使电化学发光减弱，其减弱程度与抗体浓度相关，由此可测定出游离 HSA 的量。用此法可测定 $10^{-7} \sim 10^{-5}$ mg/mL 的血清蛋白。

免疫传感器在实际应用中的一个重要问题是免疫电极的再生。免疫电极在进行一次测定后，需要使电极表面的络合物解离才能反复使用。一般说来，抗原、抗体反应的亲和常数大于解离常数，络合物的解离速度远小于络合物的形成速度，可以通过改变溶液的 pH 或离子强度来促进离解，还可用盐酸胍、尿素等蛋白质变性剂这一类强烈手段，但应注意不得使敏感膜失活。免疫电极敏感膜再生是难度较大的实用技术，且由于膜再生是免疫电极可重复使用的前提，故也在一定程度上限制了免疫传感器的应用。

6.2.6 基因芯片

所谓基因芯片就是按特定的排列方式固定有大量基因探针/基因片段并能与光电测量装置相结合的硅片、玻璃片、塑料片。图 6-21 所示即为一种基因芯片器件的构造。

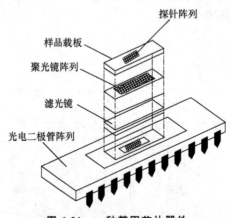

图 6-21 一种基因芯片器件

基因探针利用核酸双链互补碱基之间的氢键作用，形成稳定的双链结构，通过检测目的基因上的光电信号，来实现样品的检测。从而，基因芯片技术成为高效地大规模获取相关生物信息的重要手段。目前，该技术主要应用于基因表达谱分析、基因组文库作图、疾病诊断和预测、药物筛选、基因测序等。

(1) 微电子芯片

微电子芯片利用微电子工业常用的光刻技术，芯片被设计构建在硅/二氧化硅等基底材料上，经过热氧化，制成 1mm×1mm 的阵列上，每个阵列含有多个微电极，在每个电极上通过氧化硅沉积和蚀刻制备出样品池。将连接链亲和素的琼脂糖覆盖在电极上，在电场作用下生物素标记的探针即可结合在特定的电极上。目前已研制出含 25 个圆形微定位位点（直径 80 μm）的 5×5 阵列及含 100 个微定点（直径 80 μm）的 10×10 阵列的芯片。电子芯片最大的特点是速度快，可大大缩短分析时间，但制备复杂、成本高是其不足之处。

(2) 三维生物芯片

三维生物芯片实质上是一块显微镜载玻片，其上有 1 万个微小聚乙烯酰胺凝胶条，每个凝胶条可用于靶脱氧核糖核酸（deoxyribonucleic acid，DNA）、核糖核酸（riso nucleie acid，RNA）和蛋白质的分析。先把已知化合物加在凝胶条上，再用 3cm 长的微型玻璃毛细管将待测样品加到凝胶条上。每个毛细管能把小到 0.2 nL 的液体打到凝胶条上。三维生物芯片具有其他生物芯片不具有的几个优点。一是凝胶条的三维化能加进更多的已知物质，增加了敏感性；二是可以在芯片上同时进行扩增与检测。一般情况下，必须在微量多孔板上先进行聚合酶链式反应（polymerase chain reaction，PCR）扩增，再把样品加到芯片上，因此需要进行许多额外操作。该芯片所用凝胶体积很小，能使 PCR 扩增体系的体积减小 1000 倍（总体积约纳升级），从而节约了每个反应所用的 PCR 酶（约减少 100 倍）；三是蛋白质和基因材料能以其天然状态在凝胶条上分析，可以进行免疫测定、受体-配体研究和蛋白组分析。

习　题

1. 区分化学传感器与生物传感器的不同。
2. 什么是离子选择性电极（ISE）？
3. 讨论不同类型的离子选择性电极间的相同之处与不同之处。
4. 简述催化金属栅场效应气敏传感器的特性。
5. 为何酶通常不是对某一种反应专一的？
6. 比较微生物传感器与酶传感器的不同。
7. 组织电极与酶电极相比有哪些优点？
8. 免疫传感器一般分为哪几种？比较它们的不同。
9. 什么是基因芯片？

参 考 文 献

[1] 方慧群. 电化学分析. 北京：原子能出版社，1984.

[2] IUPAC. Analytical Chemistry Division, Commission on Analytical Nomenclature. Recommendations for Nomenclature of Ionselective Electrode. Pure& Applied Chem, 1976, 48(1): 127.

[3] 谢生洛. 离子选择电极分离技术(第 1 版). 北京: 化学工业出版社, 1985.

[4] 赵文宽, 贺飞, 方程, 等. 仪器分析(第 1 版). 北京: 高等教育出版社, 2001.

[5] Moody G J, Oke R B, Thomas D R. A calcium-sensitive electrode based on a liquid ion. Exchanger in a poly(vinyl chloride) matrix. Analyst, 1970, 95(1136): 910~918.

[6] 江丕桓, 周国云, 黄运锐, 等. 场效应晶体管及其集成电路. 北京: 国防工业出版社, 1974.

[7] 亢宝位. 场效应晶体管理论基础. 北京: 科学出版社, 1985.

[8] 黄德培, 方培生, 牛文成, 等. 离子敏感器件及其应用. 北京: 科学出版社, 1987.

[9] Cane C, Gracia I, Merlos A. Microelectron J, 1997, 28: 389.

[10] Neuil P. Sens Actuators B, 1995, 24: 232.

[11] Ito Y. Sens Actuators B, 2000, 66: 53.

[12] Besselink G A J, Schasfoort R B M, Bergveld P. Biosens Bioelectron, 2003, 18: 1109.

[13] Martinoia S, Massobrio G, Lorenzelli L. Sens Actuators B, 2005, 105: 14.

[14] Casans S, Munoz D R, Navarro A E, Salazar A. Sens Actuators B, 2004, 99: 42.

[15] 陈艾. 敏感材料与传感器. 北京: 化学工业出版社, 2004.

[16] 中国电子学会敏感技术学会, 北京电子学会编. 2003—2004 传感器与执行器大全. 北京: 机械工业出版社, 2004.

[17] Hafeman D G, Parce J W, McConnell H H. Science, 1988, 240: 1182.

[18] Inoue S, Nakao M, Yoshinobu T, Iwasaki H. Sens Actuators B, 1996, 32: 23.

[19] Yoshinobu T, Otto R, Furuichi K, et al. Sens Actuators B, 2003, 95: 352.

[20] Ito Y. Sens Actuators B, 1998, 52: 107.

第七章 声波微传感器的应用

7.1 声波微传感器概述

声波传感器是以声波作为换能媒体的传感器。目前应用广泛的声波器件有厚剪切模(thickness-shear mode,TSM);声表面波(surface acoustic wave,SAW);挠性平板波(flexural plate wave,FPW)及声平板模(acoustic plate mode,APM)。

声波传感器一般由一个产生声波的器件以及控制和测量电路所构成(图 7-1)。

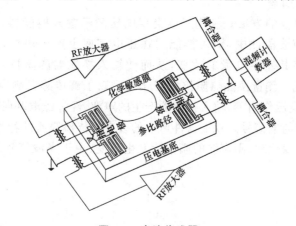

图 7-1 声波传感器

7.1.1 声波技术和压电效应

声波器件已有近 70 年的商用历史,每年的消耗量约为 30 亿个,主要是用于通信领域中。这些器件中典型的代表是声表面波(SAW)器件,在 RF 和 IF 波段中它们被用做带通滤波器。其他应用较多的领域还有医学(现代生物医学传感器)、汽车业(轮胎压力传感器)以及工商业(蒸气、湿度、温度、质量传感器)。

声波传感器是利用频率在 $10^6 \sim 10^{10}$ Hz 范围内的弹性波作为传感工具来测量物理、化学或生物量的器件。由于声波在材料表面或材料内部进行传播,因此传播途径特性的任何变化都会影响声波的幅度和速度。通过传感器测量出的相位和频率特性可检测出速度变化,然后再将这种变化转化为其他易于检测的物理量。

事实上,大部分的声波传感器都是利用压电材料的压电效应来产生声波。当晶体处于平衡态时,其内极化力和应变力是平衡的。当这个平衡态受到外加电场或外加机械力扰动时,退极化场的辐射将产生一个再平衡力来维持初始的平衡态。压电效应是一种可逆效应,正压电效应和逆压电效应。当沿着一定的方向对某些电介质施加作用力而使其发生形变,在材料表面上产生电荷;当外力去除后,又重新回到不带电状态,这种效应称为正压电效应。当在电介质的极化方向施加电场时,这些电介质就在一定方向上产生机械形变或机械应力;当外加电场撤去后,这些变形或应力也随之消失,这种效应称为逆压电效应。所以压电式传感器是一种典型的双向传感。

利用压电效应制作的声波装置一般由压电材料及其表面上的金属换能器组成。压电材料是由一个抛光的平板或定向薄膜组成。考虑温度的稳定性,压电材料一般选用石英;特殊场合可以选用铌酸锂、氧化锌等材料。金属换能器一般选用易与压电材料相匹配的金属,如铝;或选用惰性金属,如金。

压电效应产生声波的方法是利用射频交变电压激励输入换能器,在压电材料上产生声波。在单端口的声波器件中,输入换能器在压电基底上产生声波,这种声波信号又反作用于该换能器并使其发生电量的改变,从而使输入换能器的阻抗发生变化,最终导致声波的特性发生变化。测量换能器阻抗的变化就可以了解传感器响应的改变。在双端口声波器件中,在交变电压作用下,输入换能器产生的声波,经过压电基底和传播媒质,输出换能器可以接收到改变的电信号。双端器件声波的改变与传播媒质的特性有关。例如:当声波媒质表面质量发生变化时,则声波的频率就发生改变;由于声波能量的损失,声波的振幅发生变化。

7.1.2 声波的传播

一般利用压电晶体材料的取向与厚度,金属换能器的几何尺寸来控制器件产生的声波类型和频率。在基底平板中传播的弹性波称为体波,而在平面上沿着物体表面传播或进入物体深度比较浅的弹性波则称为声表面波 SAW,在基底两个平面之间反射传播即平板波。常见的声波器件及波型分类如表 7-1 所示。

表 7-1 声波器件及波形比较

声波器件	波型	应用介质	基底厚度	决定频率因素	波频范围/MHz
TSM(厚剪切模)	体波	气、液相	$\lambda/2$	基底板厚度	5~10
SAW(声表面波)	平面波	气相	$\gg \lambda$	换能器间距	30~300
STW(表面横波)	平面波	气、液相	$\gg \lambda$	换能器间距	30~300
FPW(挠性平板波)	平面波	气、液相	$\ll \lambda$	板厚、换能器间距	2~7
SH-APM(剪切纵声平板模)	平面波	气、液相	$3\sim10\lambda$	板厚、换能器间距	25~200

图 7-2 是固体中弹性波传播的示意图,在无边界的固体中,只有纵向和横向的体波可以传播,分别如图 7-2(a)和(b)所示。当体波沿纵向传播时,固体粒子沿着平行于体波传播的方向运动,如图 7-2(a)中实箭头所示,这与液体中的压力波很相似。假设波幅很小,可使用霍克定律,列出牛顿力学方程式,就可得到纵向体波的传播相速度。

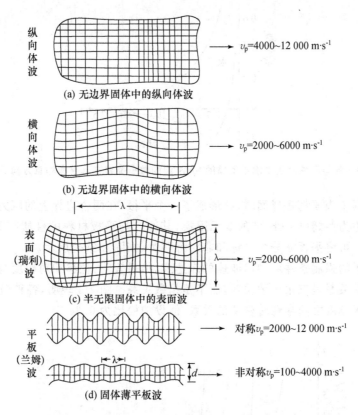

图 7-2 平面弹性波向右传播时原子组运动的截面图

图 7-2(c)中表示半无限(单边界)固体中的声表面波 SAW 的传播。在所有实际使用的频率下,在单一材质基体中 SAW 的波速是与频率无关的,这和体波是一样的。正如上图所示,SAW 波的粒子运动主要集中在靠近表面处,越向基体深处运动越趋于衰减,在接近一个波长的深度,运动几乎为零。在固体的自由边界处不存在压力作用,因此可以用于上面同样的方法。假设波幅很小,利用霍克定律和牛顿力学定律列出方程组,从其解中可分别得到表面声波的相速度、相对振幅、位相以及粒子的位移分量随深度的分布。典型的自相一致解(通常通过计算机计算得到)示于图 7-3 中,在任何固体中 SAW 的传播速度比在同种材料的无边界固体中相同方向传播的横向体波的速度要略小一些。

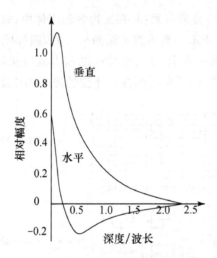

图 7-3 各向同性介质中水平传播的 SAW 波的粒子位移在水平和垂直方向的分量

当固体的两个表面都是界面时,就形成了一个平板,在两个边界上的压力都应为零。经分析可得一组称为兰姆(Lamb)波的双无限模,其速度与平板材料的性质有关,波长与平板厚度之比有关。可将平板波分为对称和非对称两类,如图 7-2(d)所示。

由两个边界的强制条件可列出波速的表达式,结果表明,位移相对幅度与离开平板中心面的距离之间的关系呈三角函数关系,而不是指数关系。图 7-4 表明,各种模的速度与以波长为单位的平板厚度之间存在着密切的关系,假设泊松比为 0.34。

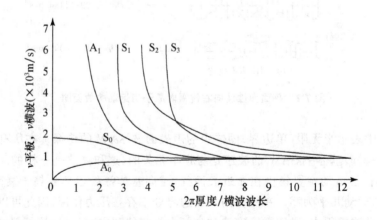

图 7-4 均匀平板中对称模(S)和非对称模(A)的传播速度与平板厚度的关系

图 7-5 是典型的声波器件结构,一个换能器将电场能量转换成机械波能量,另一个换能器则将机械能转换成电能。

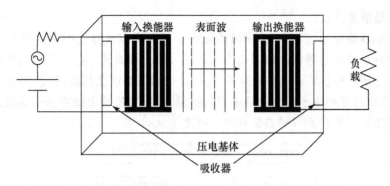

图 7-5　典型的声波器件结构

体声波是通过基体传播的波,利用体声波(bulk acoustic wave,BAW)的最常见的器件是水平剪切声平板膜传感器和厚度剪切膜谐振器。

固体中弹性波的相速度 v_p 通常具有

$$v_p = \frac{\text{弹性劲度}}{\text{材料密度的函数形式}}$$

由此可见,假如被测量的弹性劲度减小,如增加材料的密度,弹性波的相速度将会降低;提高温度,也会引起弹性波的相速度的降低;而温度的提高,同样也会引起热膨胀,在整个传感器中增大了转换电极之间的空间,这与增加了弹性波的工作波长是等价的。同样,表 7-2 列出了影响超声波速度的几个重要因素,这些因素都可以用声波传感器经行测定。表中的 B、S 和 P 分别表示体、表面和柔性平板波。

表 7-2　影响超声波速度的因素

影　响	模　式	实　例
改变弹性劲度	B,S,P	温度变化,吸收
改变密度	B,S,P	温度变化,聚合物固化,吸收
改变压电劲度	B,S,P	介电负载,照射半导体
改变厚度	B,P	腐蚀,沉积,吸收
改变长度	B,S,P	温度变化,换能器位置变化
改变张力	P	压强,加速度力
反应表面	B,S,P	吸收
耗散性的表面负载	B,S,P	各种流体负载

7.1.3　声波的探测

对于谐振器或延迟线振荡器,其频率通常可用计数器很方便地测量。对无源延迟线,由输入和输出之间的相位漂移可以得到弹性波的相速度的变化。对无源体波谐振器,我们可以测量谐振器的频率 f_{res},然后根据 $v_p = f_{res} \lambda_{res} d/2$ 来得到弹性波的相速度,其中 d 是谐振器的厚度、f_{res}是谐振波长。

在声波传感器的应用过程中,检测极限通常定义为响应信号是噪声信号的3倍时的待测物浓度。改善声波传感器检测极限的最有效的方法是提高传感器的化学选择性和完善系统的优化设计。图7-6总结了主要的探测方法,使用谐振器或使用延迟线,两者既可以单独进行测量,也可以与其他电子线路结合来进行测量,包括与反馈电路结合形成振荡器。这两种声波探测方法分别称作无源线路法和有源线路法。

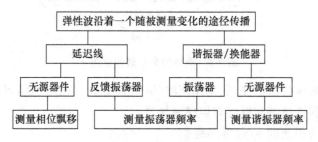

图 7-6 声波探测方法

为了研究由于损耗过程造成的声波衰减如传感器与黏滞液体接触,可以测量质量因子Q或延迟线的插入损耗。而同时测量弹性波的相速度和衰减变化往往是非常有用的。

声波传感器响应机制有很多种,但以重力(质量)改变最为简单而且应用最为广泛。下面以声波传感器的重力(质量)灵敏度为例,来说明声波是如何进行测量的。

重力(质量)灵敏度是指在器件单位敏感面上发生的重力(质量)增量所引起响应的改变。影响声波传感器灵敏度的主要因素是重力(质量)灵敏度,被测物质在声波器件敏感表面的传播规律也会影响传感器的灵敏度。

一般以质量灵敏度因子S_m表征声波传感器的质量灵敏度。Sauerbrey首先分析了体波谐振器晶体,发现当在谐振器晶体表面上的单位面积上存在附加质量Δm时,产生频率漂移$\Delta f/f_{res}$,两者之间可用重力灵敏度因子的S_m联系起来,并可表达为

$$S_m \Delta m = \frac{\Delta f}{f_{res}}$$

式中:$\Delta f = f_{res} = f_{load} - f_{res}$,表明加载$\Delta m$后的频率与未加载前谐振器的频率之差。表7-3中列出常用的几种声波器件的质量灵敏度。

表 7-3 五种声波器件的S_m比较

器件类型	增加灵敏度的方法	频率响应(Δf)	S_m
TSM	降低板厚/增加频率	$-C_T \cdot F^2 \cdot \Delta m$	$-\dfrac{2}{\rho\lambda} = -\dfrac{1}{\rho d}$
SAW	缩短波长/增加频率	$-C_S \cdot F^2 \cdot \Delta m$	$-\dfrac{k(\delta)}{\rho\lambda}$
STW	缩短波长/增加频率	$-C_G \cdot F^2 \cdot \Delta m$	$-\dfrac{k'(\delta,G)}{\rho\lambda}$

续表

器件类型	增加灵敏度的方法	频率响应(Δf)	S_m
FPW	降低板厚/波长不变时降低频率	$-\dfrac{1}{2M}F \cdot \Delta m$	$-\dfrac{1}{2M}=-\dfrac{1}{2pd}$
SH-APM	降低板厚/波长不变时增加频率	$-\dfrac{\tau}{pd}F \cdot \Delta m$	$\dfrac{\tau}{pd}$

表 7-3 中：C 为与声波器件有关的恒量；F 为器件频率；ρ 为声波器件材料密度；d 为板厚；λ 为声波波长；$k(\sigma)$ 是与 SAW 器件有关的恒量；$k'(\sigma,G)$ 是与 SAW 器件有关的恒量；M 为单位面积上器件质量；τ 是同模数有关的变量。

对于单位面积质量的负载，比例因子 S_m 是个负值，其数值大小取决于声波传感器的设计、所用材料以及工作频率(或波长)。如工作在 6 MHz 频率下的 AT 切割的石英晶体谐振器，当它的某一表面在单位平方厘米的面积上仅仅吸收 12 ng 的气体分子时，其频率就将下降 1 Hz。所以，在声波传感器的表面存在准单层的薄膜时，它们是很容易被探测到的。

7.2 体声波微传感器

7.2.1 TSM 谐振器

厚度剪切模式谐振器(TSM)又常称作石英晶体微平衡器(quartz crystal microbalance, QCM)，是一种最早、最简单、最广为人知的声波器件。其结构如图 7-7(a)中顶视图和侧视图所示，是由一个圆形的薄盘石英晶体和位于其两侧的两个平衡的圆形电极组成，在两个电极上施加电压即可在晶体中产生厚度剪切的变形。

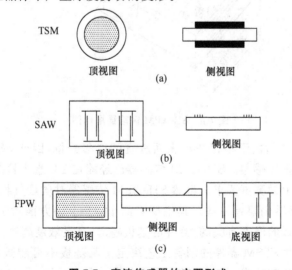

图 7-7 声波传感器的主要形式

图 7-7(a)中的粒子运动模式可以看出,在晶体的表面上位移可达到最大,因而可用来探测表面的相互作用。厚度剪切模式谐振器(TSM)最初是在真空沉积设备中用作测量金属沉积速率的传感器,现在常用在振荡电路中,使得振荡频率与晶体的谐振频率同步,从而可指示在器件表面上迭加的质量。在 60 年代末,TSM 谐振器也曾用做蒸气传感器。

TSM 的优点是制备简单、可在恶劣环境中工作、温度稳定性好和沉积于器件表面上的附加质量的灵敏度高。从原理角度来看,利用 TSM 剪切波传输成分也可探测液体,因此可用做生物传感器。典型的 TSM 的工作频率为 5～30 MHz。如果将器件做得很薄,就可使器件工作在较高的频率,提高质量灵敏度,但做得太薄则使器件变得非常脆弱而在生产中不易传送。现在采用压电薄膜和体硅微加工技术,可制备高频的 TSM 器件。

7.2.2 SH-APM 传感器

水平剪切声平板模(SH-APM)传感器使用的是薄的压电基板或平板。作为波导,该基板将能量限定在上下两个表面之间,如图 7-8 所示。由于两个表面都经受位移,因此都可作为探测面。当某个表面存在必须与导电液体或气体绝缘的 IDT 时,另一个表面就可用做传感器。

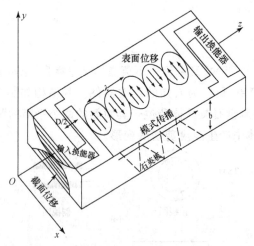

图 7-8 SH-APM 传感器原理图

与 TSM 传感器一样,由于不存在与表面垂直的位移分量,因此 SH-APM 传感器也可与液体接触而用做生物传感器。SH-APM 传感器已经能在 1 L 水中检测出 $1\ \mu g$ 的汞,足以满足安全饮用水法规中的测试要求。虽然 SH-APM 传感器对质量负载的灵敏度要比 TSM 高,但比表面声波传感器仍要差一些。其主要有两个原因:一方面对于质量负载和其他扰动的灵敏度都是与基板的厚度有关的,器件的基板越薄,其灵敏度越高。而器件的基板厚度又与它的制备工艺有关,TSM 器件的制备工艺决定了其基板不可能做得很薄,而表面声波器件由于采用了表面加工技术,可以将基板做得很薄。另一方面,声波能量的最大值并不是位于表面处,这就使灵敏度降低。

7.3 表面声波微传感器

表面声波器件目前已经广泛地用作谐振器、滤波器等,其在通信系统中起着越来越重要的作用。在无线识别系统中,SAW 器件已经使用了近 20 年。SAW 传感器除了易于制备能、廉价和够小型化外,还具有许多优良的特性,如它们可以响应多种被测量而且具有很宽的动态测量范围,它们的工作原理仅仅是压电效应,不需要任何电源,而且不受到半导体元件所受到的同样的限制,SAW 器件可以在 4~1000 K 的温度范围内工作。另外,只要将传感器与 RF 天线相连,很容易地实现无线数据传输。因此 SAW 可以在诸如高温、危险区域、真空密闭容器内、高电压、快速运动物体及旋转的机械部件等恶劣环境下工作。

7.3.1 表面声波的类型

1885 年,Lord Rayleigh 发现,声波在半无限弹性介质中是沿着介质的表面进行传播的。以其名字命名的瑞利波在垂直器件表面的平面内的传播方式和位移如图 7-9 所示。

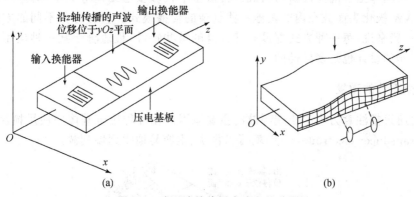

图 7-9 瑞利波的传播方式和位移图

瑞利波沿着 z 轴传播,而靠近表面的介质粒子在包含表面法线和波矢的平面(图中的 xOy 平面)内作椭圆轨道运动。瑞利波在器件的表面与接触的介质发生耦合,这种耦合强烈地影响了表面波的振幅和传播速度。因此,表面声波可用来制备探测质量和机械性能的传感器,而其在表面的运动又可用来制作执行器。我们知道电磁波的传播速度要比声波的传播速度快 5 个数量级,因此,瑞利表面波成为固体中传播速度最慢的 1 个波。瑞利波振幅典型值是 1 nm,而波长范围在 1~100 μm。

图 7-10 是 SAW 传播引起的介质表面沿 y 轴的形变及相应的势能分布。从图中可以看出,瑞利波的所有能量都集中在离开表面约一个波长的深度范围内,这个特性使得 SAW 传感器在所有的声波传感器中具有最高的对表面互作用的灵敏度。

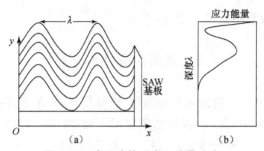

图 7-10 瑞利波的形变和能量分布

典型的 SAW 传感器的工作频率范围为 25~500 MHz。由于瑞利波是一种与表面垂直的波,因此瑞利波传感器不能在液体环境下进行测量,因为当它与液体接触时,液体会产生压缩波使得瑞利波的振幅发生极度的衰减。但如果适当地改变压电晶体的切割方向,就可使声波的传播方式由原来垂直剪切的传播方式变为水平剪切的传播方式,即由原来的 SAW 波变成 SH-SAW 波。利用 SH-SAW 波制成的传感器在与液体接触时就避免了 SAW 波的振幅发生极度衰减的问题,因此,可用做液体或生物传感器。图 7-11 表示 SH-SAW 的工作原理及波的传播方式。

当半无限基体由各向异性材料组成或类似于平板和多层结构等无限基体时,还可得到包括 SH-SAW 极化表面波在内的其他一些复杂的传播模式。所有各种不同的方式都各有其优缺点,一般来说,每一种方式都具有其自身的某些特性,最适合于某一种应用,因此,表面声波传感器的设计也是多样性的。

7.3.2 表面声波的激发

人们之所以把注意力集中于瑞利波的主要原因是在各种压电基体中使用梳齿电极(interdigital transducer electrode,IDT)就可以很快、很容易地得到瑞利波。

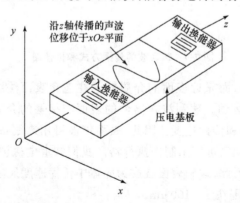

图 7-11 位移平行于表面的 SH-SAW 波的传播

在压电基板上先沉积一层很薄的(通常为 100~200 nm)金属膜,然后用光刻技术即可形成梳齿电极。当射频电压施加于梳齿电极时,压电基板中就会产生瑞利表面波,随时间变化的电压引起压电基体在时间上同步的变形,这使瑞利表面波得以传播。瑞利波的波长是由梳齿电极之间的距离决定,而梳齿电极在给定基板上的阻抗又由梳齿电极的数量和电极间的重合长度决定,这个重合长度还决定所产生的声束的宽度,称为孔径。对于石英那样的典型压电基板,其瑞利波速(v_R)约为 3100 m·s^{-1},当声波波长(λ)为 1×10^{-4} m(100 μm)时,根据 $f=v_R/\lambda$,其工作频率为 31 MHz,这时就要求梳齿电极的指电极的宽度为 25 μm,电极间距也为 25 μm,相当于 3 GHz 的工作频率;而 SAW 器件的工作频率的最低限约为 10 MHz,因为再低于该频率时,器件就变很太大了(可能大于几个平方厘米)。施加于叉指电极的射频电压耦合成机械形变的效率取决于所用的压电基板材料。比起 LiNBO$_3$ 等材料来说,石英并不算好,因而石英基板制成的 SAW 器件就需要更多的指电极才能达到足够的电声能量转换要求。叉指电极的工作带宽与电极的对数(N)成反比。

一个 IDT 还可用做漫散分布的声反射器,由于 IDT 中的每个电极都表现在几何、机械和电的方面的不连续性,因此每个电极都反射了入射波的一小部分,当缩短到 1/4 波长宽度(即 $\lambda/4$)的电极在布拉格频率(与 f_0 一致)时的反射最强。

SAW 器件的基板必须是压电材料,才能由梳齿电极(IDT)产生瑞利波。通常使用石英的单晶抛光板或铌酸锂,因为它们具有成本低、声损耗小、延迟的温度系数小及压电耦合好等优点。其他常见材料,常选择一些特殊的晶体取向来改善压电耦合系数或温度特性。支撑瑞利波的基板表面必须非常光滑才能防止声波的散射引起的能量损耗,通常光学抛光表面是适宜的。最简单的 SAW 器件为图 7-12 所示的延迟线。图中,在压电基板的两端各有一个 IDT,一个用做发射器,而另一个用做接收器,而声能则沿着基板的表面传播。

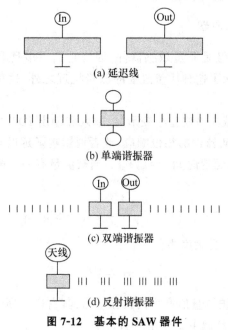

图 7-12 基本的 SAW 器件

7.3.3 基本的 SAW 器件

SAW 传感器的设计原理都是基于 SAW 过滤器。在选择好合适的基板和表面声波的类型之后,SAW 过滤器的主要设计任务是确定平面电极的数量和几何形状,在合适的位置放置多少个 IDT 和反射器,以及以何种恰当的方式将它们连接起来。

在 SAW 传感器领域内,最常用的是谐振器和延迟线两种类型。延迟线由两个 IDT 组成,如图 7-12(a)所示,两个 IDT 的中心间距 L 决定了延迟时间。谐振器由一个或多个 IDT 构成,外部由反射器栅包围,反射器的作用是将声能限制在谐振腔内,如图 7-12(b)和(c)所示。另外还有一种反射式谐振器,结构如图 7-12(d)所示,一个接口包括几个反射器和一个 IDT,该接口又与天线相连。由天线采集的电磁脉冲使得 IDT 产生一个声波,该声波被各个反射器部分反射,而反射波束又被 IDT 接收而被天线再辐射出去。脉冲响应是由脉冲系列构成的,该脉冲系列中的各个脉冲之间的分隔时间完全由反射器的位置决定。

SAW 延迟器能监测 SAW 的振幅和速度。在一个装置中,由 RF 电源激发产生 SAW,而在 SAW 延迟线的终端安装一个 RF 功率计就可测量 SAW 振幅的变化,当然为使测量精确,还需要包括参考电路在内的复杂的平衡系统。对于 SAW 速度变化的测量,可以将 SAW 延迟线作为谐振器的一个元件就可以进行特别精确的间接测量。由输出 IDT 得到的信号,经过 RF-放大器反馈,再回到输入 IDT 中以形成一个振荡器。当放大器的放大增益大于延迟线的损耗时,就可发生振荡。谐振频率随着 SAW 速度改变而变化,使用数字式频率计数器就可精确测量速度的变化。

7.3.4 SAW 传感器的测量原理

SAW 传感器经常被看做是质量敏感器件,因为它们大多是利用了在表面吸收质量所引起的速度变慢现象。但除了这种质量改变的测量机理之外,这里还介绍一些其他的测量原理。

当被测量所产生的机械应力使基板变形时,输入和输出 IDT 之间的传播路径长度发生变化,从而直接影响了 SAW 器件的相位响应,或者说影响了延迟时间。对于两个 IDT 中心间距为 L 的延迟线来说,其延迟时间 $\tau = L/v_{ph}$。当被测量有一个微小改变 Δx 时,所引起的延迟时间的变化为:

$$\frac{\Delta \tau}{\tau} = \frac{\Delta L}{L} - \frac{\Delta v_{ph}}{v_{ph}} = (S_x^L - S_{x\,ph}^v)\Delta x \tag{7-1}$$

定义对于 z 变化所引起的 y 灵敏度为:

$$S_z^y = \frac{1}{y}\frac{\partial y}{\partial z} \tag{7-2}$$

式(7-1)中 $\Delta L/L$ 项代表由被测量所产生的机械应力,其右边一项代表由于材料参数变化而产生的相速度变化,这两项是起主要作用的项。

涂敷某种给定薄膜材料的 SAW 传感器的质量灵敏度 $S_{x,\mathrm{ph}}^v$ 是与工作频率成正比的，因此 SAW 传感器的工作频率都在几百兆赫的高频段，传感器本身材料的质量密度为 ρ，表面被涂敷厚度为 h_1 的质量密度为 ρ_1 的薄膜，其中的瑞利波可取下列方程：

$$\frac{\Delta v_{\mathrm{ph}}}{v_{\mathrm{ph}}} = -\left(\frac{k}{\rho\lambda}\right)\rho_1 h_1 \tag{7-3}$$

对大部分材料来说，材料常数 k 为 1～2。显然，当涂敷薄膜的厚度为一个波长时，大部分声波能量都集中在这个厚度之内，质量灵敏度与涂敷薄膜的单位面积的质量成反比。通常声波与表面扰动的相互作用越强烈，声能就越集中于表面附近的范围内。

实用的 SAW 传感器装置是自动矢量网络分析仪（automation vector network analyzer, AVNA），它能够观察到传感器传输或反射特性的变化。

探测 SAW 速度的变化有很多种方法，如将转换相位与某个参考相位比较，如图 7-13(a)所示。Sing-around 方法是测量某种装置的脉冲速率，在这种装置内，位于延迟线输出 IDT 端的一个脉冲探测器触发位于输入 IDT 端的下一个脉冲，如图 7-13(b)所示。

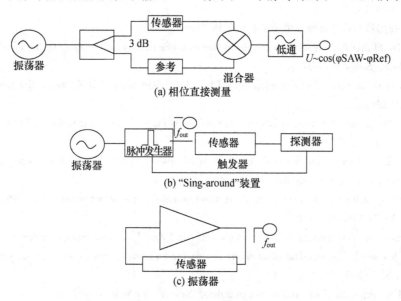

图 7-13 基本的测量线路

但是最广泛使用的是测量由于在放大器反馈回路中插入 SAW 器件形成的振荡器的射频频率，如图 7-13(c)所示，处于稳态工作时，在闭合环路中一个来回的相位漂移等于 2π 的整数倍，也就是 $\phi_{\mathrm{SAW}} + \phi_e = -2n\pi$，其中 ϕ_{SAW} 和 ϕ_e 分别是 SAW 器件和电路的相位响应。假如我们把延迟线的相位响应分成两部分，一部分与在 IDT 中的电声换能过程有关（结合在 ϕ_e 中），另一部分与沿着有效长度为 L 的声波导传播的声波传播有关（由 $\phi_{\mathrm{SAW}} = -\omega L/v_{\mathrm{ph}}$ 决定）。在上述相位条件下，可得到振荡器的角频率 ω 为：

$$\omega = \frac{v_{\text{ph}}}{L}(2n\pi + \phi_e) \qquad (7\text{-}4)$$

显然,振荡频率往往与几个系统参数有关。但只要传感器的众多系统参数中有一个与被测量量有关,我们就可以从传感器中得到频率模拟的输出信号。实际上,许多被测量量都是相互影响的,例如加速度、温度、湿度等,所以灵敏度也是交叉的。

习 题

1. 什么是压电效应?
2. 什么是体声波微传感器?简述体声波微传感器的工作原理。
3. 什么是表面声波传感器?简述表面声波传感器的工作原理。

参 考 文 献

[1] Bill Drafts. Acoustic wave technology sensor. IEEE Trans on Microwave Theory and Techniques, April, 2001, 49(4).

[2] 吴兴惠. 传感器与信号处理. 电子工业出版社,1998.

[3] Jolly R D, Muller R S. Miniature cantilever beams fabricated by anisotropic etching of silico. J. Electron. Chem. Soc., 127: 2750.

[4] Chen P, et al. Integrated silicon microbeam PI-FET accelerometer, IEEE Trans. Electron. Devices., 1982, ED-29(1).

[5] Schweyer M, Hilton J, Munson J, et al. A novel monolithic piezpelectric sensors, In Proc, Ultrason. Symp., 1997, 1: 371~374.

[6] Wohltjen H, Ballantine D, White R, et al. Acoustic wave sensor: theory, design and physico-chemical Applications. New York: Academic, 1997, 39.

[7] Schweyer M, Hilton J, Munson J, et al. A novel monolithic piezoelectric sensors, in Proc, Ultrason. Symp., 1997, 1: 371~374.

[8] Martin S, et al. Gas sensing with acoustic evices, in Proc. Ultrason. Symp., 1996,1: 423~434.

[9] Sweyer M, et al. An acoustic plate mode sensor for aqueous mercury, in Proc. Ultrason. Symp., 1996, 1: 355~358.

[10] Auld B A. Acoustic fields and waves in Solids. New York, Wiley, 1973,2.

[11] Wohltjen H. Surface acoustic wave microsensors, in Proc. 4th Int. Solid-State Sens. Actutors Conf., 1987, 471~477.

[12] Sweyer M, Andle J, et al. An acoustic plate mode sensor for aqueous ercury, in Proc. Ultrason. Symp., 1996,1: 355~358.

[13] Raleigh L, Proc R, Lend A. Math Phys. Sci., 1985,17: 4~11.

[14] Cullen D, Reeder. Measurement of SAW velocity versus strain for YX and ST quartz, in Proc. Ultrason. Symp., 1975,519~522.

[15] Pohl A, Ostermayer G, Reindl L, et al. Monitoring the tire pressure at cars using passtive SAW sensors, in Proc. Ultason. Symp. 1997,1: 471~474.

[16] Lonsdale A. Method and apparatus for measuring strain, U. S Dec. 1996,17.

[17] Bowers W, Chuan R, Duong T. A 200MHz surface acoustic wave resonate mass microbalance, Rev. Sci. Instrum. ,1991,62 (6): 1624~1629.

[18] Grate J, Martin S, White R. Acoustic wave microsensors, Anal. Chem. , 1993,65(21): 940~948.

[19] Vetelino K, Story P, Mileham R, et al. Galipau, Improved dew point measurements bassed on a SAW sensor, Sens. Actuators B, Chem. ,1996, 35-36: 91~98.

[20] Wohltjen H, Dessy R. Surface acoustic wave probe for chemical analysis I: Introduction and instrument design, Anal. Chem. ,1979, 51 (9): 1458~1475.

[21] Nakamoto T, Nakamura K, Moriizumi T. Study of oscillator-circuit behacior for QCM gas sensor, in Proc. Ultrason. Symp. , 1996, 1: 351~354.

[22] Parker T E. Surface-acoustic-wave Oscillators, in Precision Frequency Control: Oscillators and Standards, E. A. Garber and A. Ballato. Ebs. New York: Achdemic, 1985, 2.

[23] Grate J, Martin S, White R. Acoustic wave microsensors, Anal. Chem. , 1993, 65 (21): 940~948.

第八章 微纳传感器应用实例

8.1 基于手势识别的多功能电子钥匙

8.1.1 项目介绍

本项目旨在开发一种电子钥匙,其体积与 U 盘大小相当,具备钥匙的全部功能,使用时与钥匙用法几近相同。电子钥匙通过用户的开锁手势来开启终端,用户仅需携带一把手势钥匙即可开启所有其权限允许的终端。同时,本系统具备多层次权限方案,高权限要求应用中具备极高的安全性。目前低成本的低端产品完全可以取代现有的家庭锁具及钥匙。

其主要功能即实现终端开启,如开启门锁、车锁、保险柜等。用户可方便使用本产品替代、升级现有锁具类终端。使用方式为:手执电子钥匙,大致对着终端方向长按主按键即可进入识别模式,悬空做出相应手势动作,录入手势密码,再次长按主按键即可开启终端。录入错误可单击主按键擦除。

手势密码长度、复杂度可由用户自行设定。既可按简洁方便的零密码使用,此时相当于牺牲了手势密码的安全性换取操作便捷性;也可设置冗长的复杂密码,用于高安全性场所。用户可以根据自身需求来平衡使用的便捷性与安全性。

8.1.2 项目原理

为实现以上功能,本产品依靠美新公司 MXC6202M 加速度传感器实现对使用者动作的识别。该传感器是基于单片 CMOS 集成电路制造工艺而生产出来的一个完整的双轴加速度测量系统。该器件是以可移动的热对流小气团作为重力块器件,通过测量由加速度引起内部温度的变化来测量加速度。

MXC6202M 加速度传感器原理是将一个被放置在硅芯片中央的热源,在一个空腔中产生一个悬浮的热气团,同时由铝和多晶硅组成的热电耦组被等距离对称地放置在热源的 4 个方向,在未受到加速度或水平放置时温度的下降,陡度是以热源为中心完全对称的,此时所有 4 个热电耦组因感应温度而产生的电压是相同的。由于自由对流热场的传递性,任何方向的加速度都会扰乱热场的轮廓,从而导致其不对称。此时 4 个热电耦组的输出电压会出现差异,而这热电耦组输出电压的差异是直接与所感应的加速度成比例的,在加速度传感器内部有两条完全相同的加速度信号,传输路径一条是用于测量 x 轴上所感应的加速度,另一条则用于测量 y 轴上所感应的加速度。

8.1.3 项目设计方案

因本项目涉及内容较多,着重针对加速度传感器的数据采集及数据的处理与使用进行介绍。

1. 硬件系统构成

(1) 钥匙部分。由两枚双轴加速度传感器组成的三轴加速度数据捕获系统。

MXC6202M 加速度传感器采用 I²C 总线通信,外围电路非常简单将 VDD 与 GND 连接完成后,将 SCL 与 SDA 引脚分别与 ATMEGA16 主控芯片的 P0 与 P1 引脚连接即可。通信即可使用主控芯片自带的 I²C 资源模块,也可直接使用 I/O 端口模拟 I²C 总线时序实现通信。为方便读者理解 I²C 协议,本项目中使用 I/O 端口模拟 I²C 协议实现传感器数据采集。如图 8-1 为 MXC6202M 引脚原图。

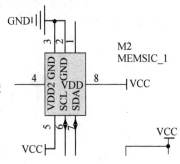

图 8-1 MXC6202M 引脚原理图

(2) 核心运算处理部分。本系统采用 Atmel 公司的高性能 8 位 AVR 单片机 ATMEGA16 作为主控芯片,该微控制器性能出色,板载资源丰富,具备单步时钟驱动机器周期的能力,如图 8-2 所示。数据下载采用 ISP 下载方式,预留自定义 6 引脚下载线端口用于数据在片下载、调试。

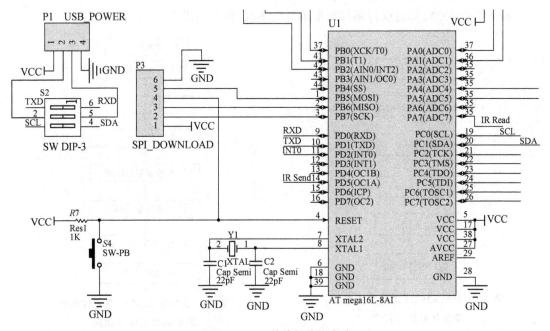

图 8-2 AVR 单片机外围电路

(3) 红外数据传输部分。手势识别钥匙采用红外方式与终端锁具进行通信,采用红外 LED 作为数据发送模块,具备解调能力的 1838 红外接收三极管作为数据接收模块,如图 8-3 所示。

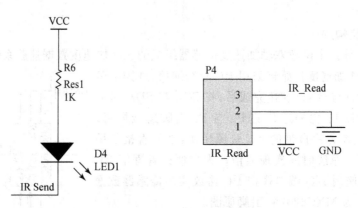

图 8-3 红外发送接收原理图

2. 软件系统构成

本教材为突出微传感器的使用,只介绍加速度芯片的如何使用。其他部分,读者可以参考相关 AVR 书籍。

(1) MXC6202M 加速度传感器初始化程序流程图,如图 8-4 所示。
(2) MXC6202M 加速度传感器数据读取程序流程图,如图 8-5 所示。

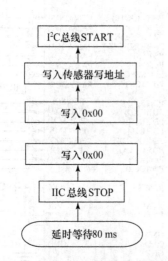

图 8-4 MXC6202M 加速度传感器初始化程序流程图

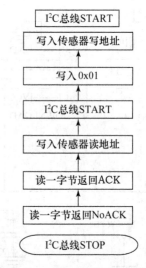

图 8-5 MXC6202M 加速度传感器数据读取程序流程图

3. 加速度数据处理与动作识别

直接采集到的加速度数据难以直接使用。因其数据抖动、波形毛刺等会严重影响到项目的手势识别判断功能,故在数据使用前,对加速度数据进行滤波处理,采用软件累加求平均的基本滤波算法即可。

手势识别采用动态阈值方式,即在空间内设定 6 个方向的阈值,当哪一方向超出阈值后,立刻记录并保存,依次记录下各个方向的阈值记录,并对记录的先后顺序进行判断,实现手势的识别判断。当某一方向持续超出阈值一定时间后,将阈值跟随至当前轴向加速度数值,即阈值变更,实现精准的阈值判断。通过阈值跟随及空间坐标判断,可准确地还原出使用者该段时间内的手势动作。

8.2 基于地磁传感器的数字指南针

8.2.1 项目介绍

目前更多的数字指南针已经整合其他一些信息制成数字罗盘,也叫电子罗盘,是利用地磁场来定北极的一种方法。

虽然 GPS 在导航、定位、测速、定向方面有着广泛的应用,但由于其信号常被地形、地物遮挡,导致精度大大降低,甚至不能使用。尤其在高楼林立城区和植被茂密的林区,GPS 信号的有效性仅为 60%。并且在静止的情况下,GPS 也无法给出航向信息。为弥补这一不足,可以采用组合导航定向的方法。电子罗盘产品正是为满足用户的此类需求而设计的。它可以对 GPS 信号进行有效补偿,保证导航定向信息 100% 有效,即使是在 GPS 信号失锁后也能正常工作,做到"丢星不丢向"。

电子罗盘是一种重要的导航工具,当前大多数的导航系统都使用某种类型的电子罗盘来指示方向。电子罗盘依靠地球磁场,其角度上的精确度可以高于 0.1°。高端磁场传感器和磁力计可为电子罗盘提供完整的解决方案。电子罗盘有着传统针式罗盘和平衡架结构罗盘没有的许多方面的优点。

8.2.2 项目原理

数字指南针的设计主要包括硬件设计及软件设计。其硬件设计分为传感器、核心处理芯片和液晶屏显示;软件设计分为采集传感器数据、传感器数据处理算法、液晶屏显示和主程序调度。

传感器采用美新半导体公司的磁传感器 MMC202xM,核心处理芯片采用 AVR 系列单片机 ATMEGA128,液晶屏采用分辨率为 122X32 的单色液晶屏。MMC202xM 传感器是基于 MEMS 技术的双轴地磁传感器,可以检测 x,y 两个轴上的磁场强度,我们可以利用这一点来检测地球磁场,最后找到真北方向。ATMEGA128 单片机是 AVR 系列单片机中性能较好的 8 位微处理器,具有高性能、低功耗的特点,并有强大而灵活的 TWI 即 I^2C,MMC202xM 传感器的数据传输方式即为 I^2C。12232 单色液晶屏内置字库,可以显示两行汉字,本项目采用串行传输方式。

本项目软件方案中的核心内容主要是将地磁传感器采集来的数据转换为当前方向与真北夹角的算法,求出此夹角其他问题都可迎刃而解,最后直接在液晶屏上打出当前方向为顺时针转动的角度即可。可以实现如下基本功能:

(1) 数字指南针的基本功能为在水平放置及原理强磁干扰的情况下,可以通过液晶屏显示当前位置正前方和真北的顺时针夹角,例如液晶屏显示"真北角度:35°",即为从真北方向顺时针转动 35°就是当前位置的正前方。所以当液晶屏显示"真北角度:0°"时,当前位置的正前方就是真北方向。

(2) 当数字指南针刚开机时,会有一个手动校准及设备初始化的过程,手动校准需要使用者持数字指南针水平转动 360°,这样以保证指南针的准确性,这时液晶屏会显示"请水平转动本设备 360°完成初始化"。

(3) 因为磁传感器易受到强磁场的干扰,比如:手机等,数字指南针受到干扰后会出现无规则显示,所以使用时必要和强磁场保持一定距离,当检测到有强磁场干扰时,要在液晶屏上显示"受到强磁干扰,请远离干扰源",并"8"字形晃动。

8.2.3 项目设计方案

1. 硬件系统

(1) 系统构成。硬件系统结构主要分为三部分,信息采集、信息处理及显示部分。

信息采集主要由 MEMS 地磁传感器 MMC202xM 完成,采集地球磁场的原始数据,将原始数据传给核心处理系统 ATmega128 即信息处理,通过对原始数据的处理,将其转化为角度,并加入磁偏角、补偿算法等最后输出显示数据给液晶屏即显示部分。

(2) 硬件系统原理图。

MMC202xM 为小封装高度集成的双轴磁传感器,尺寸仅为 5.0 mm×5.0 mm×0.9 mm,它是一个完整的传感系统,带有片上信号处理和综合 I^2C 总线,有 I^2C 快速输出模式,可达到 400 kHz。在 25℃,工作电压 3.0 V 时测量范围为 ±2 gausses,灵敏度为 512counts/gauss。工作温度范围为 −40~85℃。

如图 8-6,8-7,8-8 所示,传感器模块的 SDA、SCL 引脚连接单片机相应的 SDA、SCL 引脚,这两条线就是 TWI 总线,液晶屏的 SCLK、SID、/CS 连接单片机相应的 SCLK、SID、/CS 引脚,其中 SCLK 为时钟线,SID 为数据线,/CS 为片选。

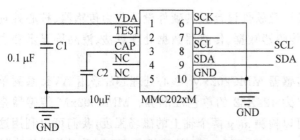

图 8-6 MMC202xM 传感器模块原理图

第八章 微纳传感器应用实例

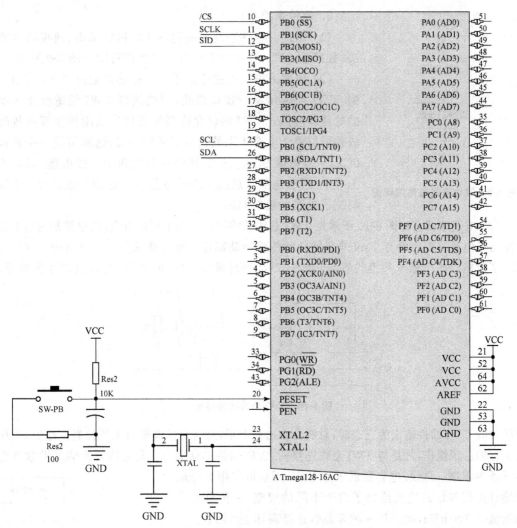

图 8-7 核心处理模块原理图

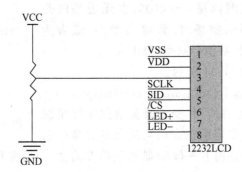

图 8-8 显示模块

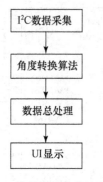

图 8-9 软件系统整体流程图

2. 软件系统

(1) 概述。软件系统主要包括 I²C 数据采集、角度转换算法、数据总处理、UI 显示四部分。整体流程图如图 8-9 所示。

(2) 数据采集。地磁传感器和主控芯片通过 TWI 传输数据,TWI 是两线串行接口总线,两线接口 TWI 很适合于典型的处理器应用。TWI 协议允许系统设计者只用两根双向传输线就可以将 128 个不同的设备互连到一起,这两根线一是时钟 SCL,一是数据 SDA。外部硬件只需要两个上拉电阻,每根线上一个,所有连接到总线上的设备都有自己的地址,TWI 协议解决了总线仲裁的问题。

(3) 电气连接。如图 8-10 所示是 TWI 总线的连接。从图中可以看出,两根线都通过上拉电阻与正电源连接。所有 TWI 兼容器件的总线驱动都是漏极开路或集电极开路的。这样就实现了对接口操作非常关键的线与功能。TWI 器件输出为"0"时,TWI 总线会产生低电平。

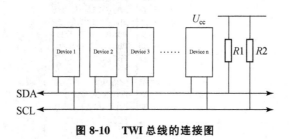

图 8-10 TWI 总线的连接图

当所有的 TWI 器件输出为三态时,总线会输出高电平,允许上拉电阻将电压拉高。注意,为保证所有的总线操作,凡是与 TWI 总线连接的 AVR 器件必须加电。与总线连接的器件数目受如下条件限制:总线电容要低于 400 pF,而且可以用 7 位从机地址进行寻址。这儿给出了两个不同的规范,一种是总线速度低于 100 kHz,而另外一种是总线速度高达 400 kHz。

如上所述,即可通过 TWI 分别采集到 x、y 轴的传感器原始数据,两轴的数据范围都是 0~4096,在无磁场时是 2048,当感应到周围有同向磁场时,数值会增加,最大为 4096,当感应到反向磁场时,数值会减小,最小为 0。

数据处理的流程图如图 8-11 所示。

角度转换的核心算法基于公式:$\alpha_{磁北} = (\arctan(y/x)) * 180/PI$(公式仅为主要算法公式,各变量需要通过实际情况转换),通过此公式即可求出当前正方向与磁北的夹角(注:磁传感器水平放置,y 轴与正前方平行,x 轴与正前方垂直)。当前方向与真北的夹角即为:

$\alpha_{真北} = \alpha_{磁北} + \beta_{磁偏角}$。

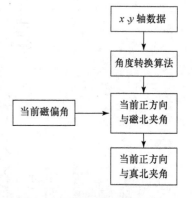

图 8-11 数据处理的流程图

最后将所得值传给液晶屏显示即可,液晶屏显示部分,采用串行传输方式,具体细节不再赘述。

强磁干扰提示部分,通过比较原始数据的值,当原始数据均超过最大值时即可提示强磁干扰,远离干扰源,待数据正常后即可正常工作。

8.2.4 项目优点

MEMS 磁传感器除本项目应用外还可应用在电子罗盘、GPS 导航、位置检测、车辆检测、磁场定位等诸多方面。MEMS 磁传感器具有体积小、重量轻、成本低、可靠性高、灵敏度高等优点,是传统传感器永远无法比拟的。

8.3 新型宠物伴侣

8.3.1 项目背景

随着时代的更新,人们生活质量的提高,越来越多的人养起了宠物,人们对于宠物的喜爱也越来越浓厚。对于宠物,人们已经有了一种特殊的感情,每家的主人都会给自己的宠物买各种玩具,在已有玩具中主要分为毛茸玩具、软胶类玩具、硬胶类玩具、布玩具和线结玩具。其中,布娃娃类和毛绒类玩具因为其松软且可以咬动也深受狗狗的喜爱,软橡胶类的的玩具因为能发出声音而深受狗狗的喜爱,但软胶类玩具只能发出一种声响,狗狗一段时间后会产生疲倦,没有了新鲜感,宠物伴侣可以依据宠物对其所做的加速度来发出各种声音,比如猫叫、鼠类的哀求、小车的笛子等各种声音,以引起宠物的兴趣。而且主人不在时的狗狗往往是非常无聊的,这样的宠物,长时间以后,会产生像人一样的心里扭曲。为改变这一现状,并且迎合时代的潮流,一种新型的宠物伴侣应运而生。它们会给狗狗带来一种新的生活,让其告别孤独和寂寞。

8.3.2 设计方案

本产品采用富士通 MB95F264K 作为核心芯片分析和计算数据,一个 PT2272 无线接收模块、一个 ISD1420 语音模块、一个加速度传感器来构成接收端;采用一个 PT2262 无线发送模块构成发送端。加速度传感器可测量本产品当前环境的状态通过传输到核心控制芯片分析处理,应用 CII 协议构成与核心控制芯片的连接并采集数据。I/O 口接语音芯片通过输出高低电平控制语音芯片录放声音。

1. 方案可行性分析

(1) 主控芯片。MB95F264K 使用方便,快捷,其拥有 16 个 I/O 口,足以供给所有的外围设备。

(2) 模块通信。采用了如下 3 个方案。

① PT2262/2272 无线发送接受模块,信号稳定,几乎不受环境障碍影响(可穿墙)价格居中,和蓝牙接受发送端相比,更具有价格优势。

② BC04 蓝牙模块有主从之分,一个主设备与一个从设备配套使用。当 BC04 蓝牙模块硬件电路连接正确,并且加电启动之后,主从设备会自动建立连接,并且识别与记忆对方设备,用户的设备就可以像使用一条串口线一样的使用 BC04 蓝牙模块。价格偏高。

③ SMC-MA 系列模拟输出型甲烷传感器采用双光束非分光红外线(NDIR)检测技术,具有抗其他气体干扰、保养维护简便、稳定性好、自带温度补偿、具有 Modbus ASCII 协议数字输出和模拟输出等优点。但其体积过大。

根据本项目要求,我们选择了方案一,其价格低廉,体积小,便于携带。

(3) 语音模块。采用如下两个方案。

① ISD4004 声音记录不需要 A/D 转换和压缩。其次,快速闪存作为存储介质,无须电源可保存数据长达 100 年,重复记录 10 000 次以上。此外,ISD4004 具有记录时间长(可达 16 min,本文采用的为 8 min 的 ISD4004 语音芯片)的优点。价格很高。

② ISD1420 不耗电信息保存 100 年,10 万次录音周期(典型值)多段信息处理,可分 1 至 80/160 段,片内免调整时钟,可选用外部时钟,无须开发系统,可录音 20 s,价格较低。

根据项目要求,我们选择了方案二,由于宠物伴侣吸引宠物,所以录音时长不宜过长,且成本低廉。

(4) 加速度模块。采用了如下两个方案。

① V2XE 型地磁传感器,其测量方向角偏差 2°内,测量的温度偏差也小于 1℃,地磁传感器 V2XE 以其接口简单、功耗低、体积小和软件设计简单等优点在 GPS 定位和磁场检测等方面有着广阔的应用前景。

② MXC6202 双轴加速度传感器,此传感器的测量范围为±2.0G。价格低廉,零售价十元以内。

根据项目要求,考虑到价格和硬件架构发现加速度传感器已能满足设计要求,所以采用方案二,加速度传感器。

2. 使用元件

(1) 核心控制芯片。本作品目前采用富士通 MB95F264K 芯片作为核心。支持进行 16 位算术运算,位测试分支指令,位操作指令,具备全双工双缓冲器,自带嵌入式快闪记忆体的 8 位高性能微控制器。

(2) 加速度传感器。本作品采用美新公司的 MXC6202 双轴加速度传感器,此传感器的测量范围为±2.0G,可满足测量倾角及手势动作的需求。

(3) 语音模块。采用美国信息存贮器件公司 ISD1420 芯片,此芯片具有自动节电,不耗电信息保存,10 万次录音周期,多段信息处理,最多录音长达 20 s 等功能,完全满足作品需求,基本满足扩展功能实现。

(4) 发送/接收模块。采用台湾普城公司 PT2262/2272,CMOS 工艺制造的低功耗低价位通用编解码电路,发送/接收范围 200 m,满足产品技术需求和扩展开发需求。

3. PCB 设计

自己手工制作 PCB 铜板,成本低廉。

4. 外壳设计

可以放置在任何的布艺玩偶内,模块化处理,外壳可随时切换。

8.3.3 系统设计

1. 总体设计

无线信号经过一个有双电阻组成的保护电路之后,将其信号传送给主控芯片,同时板上的按键也时刻的将其状态发送给单片机,主控芯片分别对其信号进行分析,判断是否进入自主模式,在普通模式下,随时按键和无线的信号所指示得信息,操作语音芯片进行相应得录音,放音等功能。在自动模式下,随时根据两次加速度的差值,来判断是否发声,当其进入一定的域值时,发出相应得响声,如图 8-12 所示。

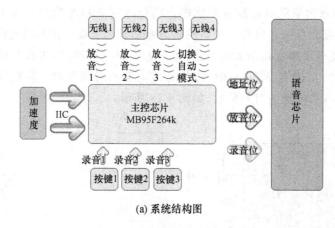

(a) 系统结构图

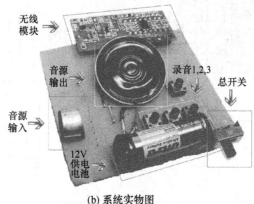

(b) 系统实物图

图 8-12 系统结构图及实物图

2. 单元电路设计

(1) 无线模块。无线信号为单纯得传输,使用简单,操作方便,分别拥有 4 个 I/O 口,当一面得 I/O 口被置底或拉高时,其所对应得引脚也会置底或者拉高,芯片通过一个 8 位的地址进行匹配,所以不会发生误报现象,所接收到的信号经过一个双电阻的保护电路,已达到将信号送到得同时,保护 I/O 口。

(2) 语音模块。语音模块外围电路简单,我们通过 I/O 口控制其地址位,作为当前录放操作的起始地址。地址端只用输入,不输出操作过程的内部地址信息。地址在/PLAYE、/PLAYL、或/REC 的下降沿锁存,录音时低电平有效。只要录音变低,芯片即开始录音。录音期间,录音必须保持为低,录音变高或内存录满后,录音周期结束,芯片自动写入一个信息结束标志(EOM),使以后的重放操作可及时停止。之后芯片自动进入节电状态。放音时,只要放音端出现下降沿,芯片开始放音。放音持续到信息元结束标志或内存结束,之后芯片自动进入节电状态。

话筒输入此端边至片内前置放大器,片内自动增益控制电路将前置增益控制在 $-15\sim24$ dB。外接话筒应通过串联电容耦合到此端。耦合电容值和此端的 10 kΩ 输入阻抗决定了芯片频带的低频截止点。片内自动增益控制电路动态调节器整前置境益以补偿话筒输入电平的宽幅变化,使得录制变化很大的音量(从耳语到喧哗器声)时失真都能保持最小。响应时间取决于此端的 5 kΩ 输入阻抗和外接的对地电容的时间常数。释放时间取决于此端外接的并联对地电容和电阻的时间常数,如图 8-13 所示。

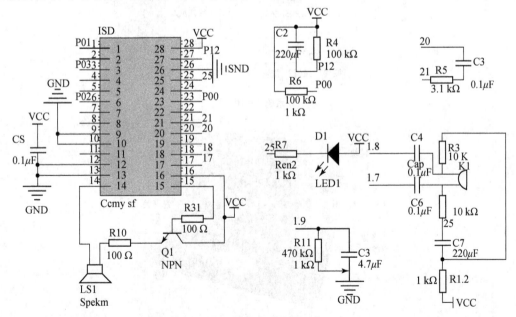

图 8-13 语音芯片连接图

输出端能驱动 16 Ω 以上的喇叭。单端使用时必须在输出端和喇叭间接耦合电容,而双端输出既不用电容又能将功率提高 4 倍。录音时,它们都呈高阻态;节电模式下,它们保持为低电平。

(3) 加速度模块。加速度模块采用美新公司的 MEMS 加速度,外围电路只需一个上拉电阻即可,使用简单,操作方便,同时可以时刻读取准确得当前 x 轴加速度值和 y 轴得加速度值,数据通过 IIC 以 2 的补码形式传回,除两个电源线外,只需一个数据线和一个时钟线即可,如图 8-14 所示。

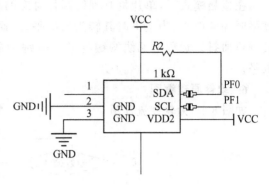

图 8-14 加速度芯片连接图

8.3.4 软件方案

1. 软件功能

实现用户界面交互功能;对传感信号进行软件滤波以及完成相应补偿算法;对处理器及外围电路进行控制。

2. 逻辑架构

信号采集(加速度传感器)、数据分析(富士通 MB95F264K)、核心控制(应用层)、人机交互(按键)。

3. 模块架构

① 发送端为 PT2262 无线模块;② 接收端为富士通 MB95F264K 芯片集成 PT2272 接收模块、ISD1420 语音模块、MXC6202 加速度传感器等模块。

4. 开发软件

FFMC-8L Family Softune Workbench

5. 软件说明

首先检测一个全局变量自动,然后对全局变量自动进行判断:如果自动为奇数,则进入自动模式;如果为偶数,则进入检测模式。

在自动模式下,我们对加速度进行采集其当前加速度的数值,然后将其 x 轴的加速度和 y 轴的加速度相加,得到其加速值,然后我们对其和值进行滤波。我们先设定一个可以存 5 个数的数组,然后将加速度依次存入数组中;当数组中的元素大于 5 个时,则再次从头开始向数组中存数。每当一个新的加速度值存入时,返回这 5 个数的平均值;当有一个数不准确时,可以最大限度的防止误报,从而达到了滤波的效果。然后我们时刻的返回其于前一个加速度值的差值,通过我们这个差值与我们已经设定好的刻度值进行比较,当大于对应的刻度值时,单片机通过 I/O 口控制语音芯片发出相应的响声。

在检测模式下，单片机时刻检测其对应的 3 个录音按键和远程的无线按键。录音按键平时为高电平，当按下时其转为低电平，从而检测其按下为防止抖动，我们通过软件对其进行曲抖。远程的无线按键与录音按键性质相同，只是其平时为低电平，按下时为高电平。

6. 软件原理框图

如图 8-15 为软件流程图。

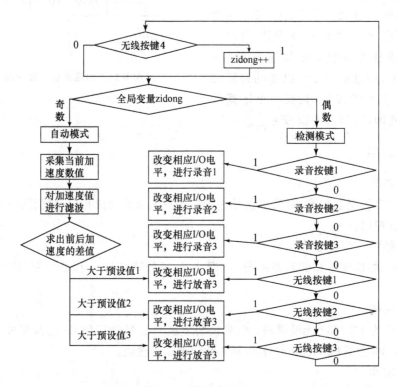

图 8-15　软件流程图

7. 部分程序代码

```
void Memsic1_Read(unsigned char byte_addr)//读加速度值
{
    unsigned int X1,X2,Y1,Y2;
    IIC1_Start();           // IIC 起始信号
    IIC1_Write(MEMSIC_WRITE_ADDR);    //向 IIC 发送写的信号
    IIC1_Write(byte_addr);            //向 IIC 写地址
    IIC1_Start();           // IIC 起始信号
    IIC1_Write(MEMSIC_READ_ADDR);     //向 IIC 发送读的信号
    X1=IIC1_Read(1);    //读 1 字节,返回 ACK
```

```c
        X2=IIC1_Read(1);
        Y1=IIC1_Read(1);
        Y2=IIC1_Read(0);            //读1字节,返回NoACK
        IIC1_Stop();                //IIC停止信号
        ZuoBiao[0]=(X1<<8)+X2;      //X坐标的值
        ZuoBiao[1]=(Y1<<8)+Y2;      //Y坐标的值
        zuobiaohe=ZuoBiao[0]+ZuoBiao[1]; //X+Y的和
}
unsigned int lvbo(unsigned int MEMSIC_old)  //滤波函数
{
        cunbo[cunboshu]=MEMSIC_old;         //向数组存数
        cunboshu++;
        if(cunboshu>4)                      //当大于5个数时重新开始
        cunboshu=0;
        lvzuobiao=(cunbo[0]+cunbo[1]+cunbo[2]+cunbo[3]+cunbo[4])/5;
        WDTC=0x35;
        return lvzuobiao;                   //返回5个数的平均值
}
unsigned int changechaizhi()//求差值
{
        zuobiao[io]=lvbo(zuobiaohe);        //将数存入数组中
        io++;
        if(io>1)                            //只在0~1之间存
        io=0;
        chazhi=zuobiao[1]-zuobiao[0];       //得到其差值
        if(chazhi<0)
        chazhi=-chazhi;
        WDTC=0x35;
        return chazhi;                      //返回其差值
}
void jiancemoshi()
{
        if(load_way_key1==0)                //检测录音按键1
        {
            load1();
            delay();                        //去抖动
        }
        else if(load_way_key2==0)           //检测录音按键2
```

```
    {
        load2();
        delay();                        //去抖动
    }
    else if(load_way_key3==0)           //检测录音按键 3
    {
        load3();
        delay();                        //去抖动
    }
    else if(wire_way_key1==1)           //检测无线引脚 1
    {
        play1();
            delay();                    //去抖动
}
    else if(wire_way_key2==1)           //检测无线引脚 2
    {
        play2();
        delay();                        //去抖动
    }
    else if(wire_way_key3==1) //检测无线引脚 3
    {
        play3();
        delay();                        //去抖动
    }
    else
        findnormal();
}
```

8.3.5 系统测试

测试仪器及设备列于表 8-1：

表 8-1 测试仪器表

仪器名称	型　号	数　量
数字万用表	UT10A	1
数字示波器	JC2042M	1
秒表	AS87C	1

8.3.6 市场前景展望

1. 产品创新点

(1) 将加速度传感器与无线模块语音模块完美结合。本产品具有"加速度采集判断"功能,可以通过对加速度进行采集和判断进行放音选择,设计更加的人性化,实用性极强。

(2) 相对现有的模块结合产品适用面更广泛。现有的模块结合产品都仅能应用于一两个方面,而且实用性不是很强,使用起来也不方便;而本产品是模块化插针式设计,可以提供最大的二次开发的可能,使用起来更加容易,操作也更加方便。

(3) 操作简单,外表时尚。本产品外形迷你、精致、简约时尚,遥控器设有滑盖设置配有4个精致按键,滑盖设计同时可以防止意外误碰导致的无效操作,使操作更加简单、清晰、明了,老年人可以轻松使用;同时本产品按键设计极具时代感,采用纯色为外壳底色,在不破坏发送/接受功能的前提下可以随意 DIY,最大限度满足年轻人的追求新潮的态度,上市不久就会成为年轻人所追捧的对象。

(4) 控制精准、误报率低。通过核心控制芯片使采集到的数据更准确,最大化地减少了误报率,设备工作稳定,让用户使用起来更方便、自如。

2. 产业化优势分析

(1) 本产品结构简单,成本低廉,初期投产风险低,有助于迅速占领市场。

(2) 生活中很多地方都离不开无线模块、加速度传感器额语音模块的结合,而且无线模块、语音模块品种众多。本产品功能强大,可取代多种无线模块和语音模块,普适性极广,可用于宠物玩具、婴儿玩具、其他电子玩具、老年人看护、自动报警、表白助手和其他涉及加速度感应的方面,潜在市场容量很大。

(3) 竞争对手稀少,可占据大量市场份额。

(4) 没有已注册的相似专利,有利于本产品申请专利。

(5) 相类似的宠物玩具单品,一般价位在 10 元到 40 元不等。但 10 元的玩具没有安全保证,40 元太贵。本产品成本 10 元到 13 元,定价在 20 元到 30 元之间,可以极高的性价比占领市场。如果首次投产超过 1000 件,成本则可降到 10 元以下。

(6) 相对现有各类无线模块和语音模块,本产品加入了加速度传感器,将以模块完美的结合及实用、创新、迷你的元素占据明显优势,它简洁的操作方式更为其添色不少。

8.4 电子便携导盲棒

8.4.1 项目介绍

我国每年会出现盲人大约 45 万,低视力大约 135 万,即约每分钟就会出现 1 个盲人、3

个低视力患者。预计到 2020 年,将达到 5000 余万。而这些盲人在日常生活中行走是十分不便的,他们最大的愿望就是能够自己独立安全的行走。

面对如今复杂的交通环境,我们多数健康人都会发出长长的感叹,对于那些有视觉障碍的人来说更是难上加难,而传统的导盲棒在这纷乱的交通环境下已很少能起到作用,原因是因为其功能单一,体积庞大,不便于携带与使用,加上我们交通的恶劣,致使越来越多的盲人发生交通事故,丧生于红绿灯之下。为此,我们设计了一个便携式的导盲棒。与以往的导盲棒相比,其体积要小得多,所以具有便于携带的特点。而且这种导盲棒更具有多种人性化功能,方便盲人使用。显然,科技的力量正在改变人们的生活。

8.4.2 项目原理

电子便携导盲棒的体积较小,和以往的导盲棒相比更是增加了 LED 显示功能,这个功能可以使路上行走的车辆或者行人发现盲人,从而使盲人的行走更加的安全。每年都会有很多的盲人丧生于车祸中,原因便是在漆黑的路上没人注意到他们的存在,电子便携导盲棒加了 4 个 LED,便使盲人的交通安全问题得以改善。图 8-16 所示为电子便携导盲棒的简略外观。

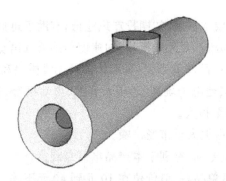

图 8-16 电子便携导盲棒示意图

图 8-16 的前端为超声波的发射接收口和 2 个 LED。超声波的发射接收口用来检测前端的障碍物,两个 LED 使路人和车辆注意盲人的安全;图片上方为电源的开关和两个LED,电源用以开启或者关闭电子便携导盲棒,两个 LED 使路人和车辆注意盲人的安全。

8.4.3 项目设计方案

因本项目涉及内容较多,着重针对系统结构及软件流程进行介绍。如图 8-17 所示为系统框图。

第八章 微纳传感器应用实例

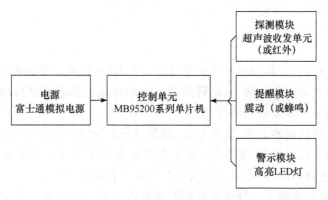

8-17 电子便携导盲棒系统框图

该导盲棒主要由电源、控制单元、探测模块、提醒模块和警示模块五部分组成,结构简单明了。电源由富士通模拟电源来实现,突出了实用性;控制单元是由 MB95200 系列单片机来实现的,突出了性价比;探测模块是由超声波收发单元组成的,提高了导盲棒的灵敏度;提醒模块是由振动电机和蜂鸣器组成的,它能够让盲人感受到前方是否有障碍物;警示模块是由 4 个 LED 组成的,当夜晚开启时,能够使其他路人看到盲人,为盲人的安全提供了保障。如图 8-18 所示为电子便携导盲棒软件框图。

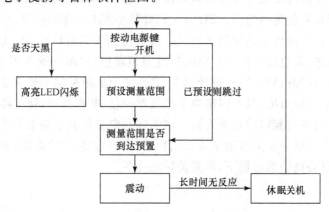

图 8-18 电子便携导盲棒软件框图

当电源被打开,盲人对测量范围进行设置(不必每次开机都进行设置,一般只是在初次使用或者需要对预设范围进行更改的时候才需进行此步骤),而后超声波模块测量当前距离,并判断是否到达预设值的范围,如果没有达到预设的范围,则振动马达不震动或者蜂鸣器不响;当到达预设的范围时,振动马达震动或者蜂鸣器响,盲人通过振动马达是否震动或者蜂鸣器是否响便判别出前方道路是否有低洼或者是否有台阶。当长时间无人使用时,该导盲棒便自动进入休眠状态或者关机状态。另外,当电源打开时,该导盲棒可以判断天黑与否,如果黑天 LDE 灯便发光,使路人或者车辆知道前方有人,这样使盲人的行走更加的安

175

全了。

8.4.4　市场展望

我国作为发展中的大国,拥有世界近五分之一的人口,视觉障碍患者是一个不可忽视的庞大人群。而在他们的日常生活中,出行问题成为最让他们焦虑的事情的问题。而关心和照顾这 500 万人的安全就是我们的责任。

电子便携导盲棒的成本只要 15 元左右,现在市场上最便宜的导盲棒也要 50 元,而仅仅在我国就有 500 万人需要这样的产品。电子便携导盲棒除了可以供弱势群体和盲人实用外,还可以充当手电筒,让我们正常人走夜路时不再为看路而烦恼。

总之,电子便携导盲棒是一种成本低廉但却可以为我们的生活带来方便的产品。低廉的成本、巨大的需求将使电子便携导盲棒占有一定的市场份额。

8.5　多功能水蒸发器

8.5.1　项目介绍

当今社会人们生活的发展方向越来越环保和智能化,其最终追求的目标就是提高人们生活质量的同时带来更便捷的生活。因此,人们对待小家电产品的需求也越来越趋向环保、智能化和多功能化。水蒸气的利用早在蒸气时代就得到人们的认可,不但环保而且功能非常丰富。可是很遗憾,就目前人们在小家电的范围领域里,水蒸气的利用非常不充分,市面上的水蒸气产品不但产品功能单一、设计简单,其性能上也越来越不能满足人们的需要。因此,多功能水蒸发器应运而生,其不但解决了产品单一化、非智能化,而且将这么多的类似的烦琐家电结合为一台多功能智能水蒸发器。在实现与完善目前市场上有关水蒸发器小家电功能的基础上,该产品进一步又增加了人性化功能,化零为整,优化品质,不仅方便了人们的生活,还使他们在舒心愉快的心情下,享受美好的生活。

8.5.2　项目原理

本产品通过红外遥控器向智能核心控制系统发出信号指令,核心控制系统根据接收到的指令,驱动加热模块,实现输出可人为设定的恒温水蒸气与水离子,另外配置了温度传感器、加速度传感器与液晶屏来完善功能。在工作状态时,液晶屏上显示当前工作模式、工作时间、设定的温度、以及实际输出温度,方便人们的使用。多功能智能水蒸发器另设安全模式,一旦不小心碰翻,它就会立即断电,在方便实用的同时又解除用户对安全的顾虑。

8.5.3 项目设计方案

因本项目涉及内容较多,着重针对系统结构及软件流程进行介绍。如图 8-19 为多功能水蒸发器系统框图,8-20 为其软件流程图。

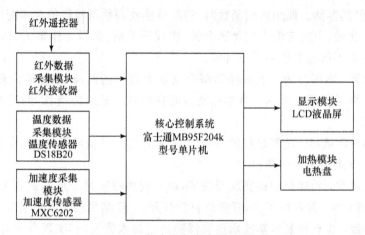

图 8-19 多功能水蒸发器系统框图

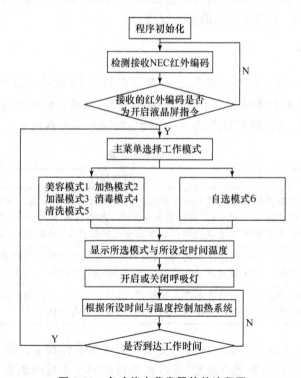

图 8-20 多功能水蒸发器软件流程图

软件工作过程简述：

（1）NEC 红外接收函数：接收由红外遥控器发出的 NEC 红外编码，经过译码后将其储存，以便在下一步与匹配函数中的码值进行比较。

（2）比配函数：预先已通过计算机将红外遥控器的确定键、1～9 数字键、菜单键等对应的编码确定，并经其存储。调用匹配函数时，将红外接收函数所得码值与匹配函数中预先已确定的码值进行比较，以确定输入的是哪个键，实现开关机、选择工作模式、切换工作模式、以及自选模式中输入所需工作温度与时间。

（3）刷屏函数：本函数的功能是存储每个菜单界面中的画面，通过匹配函数可以调用本函数中的各个菜单界面。本函数虽然存储将要在屏幕上显示的信息，但没有在液晶屏上显示信息的功能。

（4）液晶屏显示函数：功能是在液晶屏上显示画面。它是显示的终端，直接显示工作模式、工作温度、剩余时间等信息。

（5）呼吸灯函数：功能是辅助实现开关屏，以及利用呼吸灯增加视觉效果，呼吸灯效果是，一旦工作模式确定，并开始工作，呼吸灯自动打开，工作结束或退回主菜单，结束呼吸灯。

（6）控温函数：实现控制多功能水蒸发器输出恒温水蒸气，其实现方式为，通过输出口的温度传感器向单片机传送输出口的实际温度，并与由用户设定的温度进行比较，控制加热模块，时刻、反复的权衡，实现输出恒温的水蒸气。

8.5.4　市场调查分析

我国是世界上人口分布最多的国家之一，拥有以超过 13 亿的人口数量，随着我国经济的不断增长，我国国民的整体销售水平也在逐年的提高，国民对电子产品的使用率也在不断地扩展。表 8-2 是通过调查数据对产品——多功能智能水蒸发器的相关分析。

表 8-2　价格分析表

价格接受度分布	具体描述
低等价格 （200～350 元）	这类消费群体购买比较低价位产品的原因主要有两个方面：一是确实想要购买但家庭条件确实相对较差；二是已看好本产品，想购买先试用一下，当使用一段时间以后在决定是否把家里原有的锁具都换成本公司的产品，他们约占比例 23.64%
中等价格 （350～500 元）	这类消费群体很满意此价格，他们认为价格太低可能产品的安全性和质量都不够，对于类似价格的水蒸发器他们更愿意尝试本产品，他们约占比例 56.36%
高等价格 （500～750 元）	这类消费群体不太满意本产品的价格，因为它比一般传统锁具的价格可能要高一些，这样可能打消消费者尝试本产品的热情，他们约占比例 20%

首先，多功能智能水蒸发器是一种实用性和功能性很强的商品。因为没有人不会在考虑产品性能的同时考虑到价钱的合适度，所以在选择类型小家电时消费者会比较谨慎。通常在消费者的潜意识中会认为价格与产品的安全程度和实用度是成正比的，所以有时消费

者宁可花高价钱买心理上的安心。

通过对图表的分析,更多的消费者趋于 350～500 元这个中等的价位,且这个价格很符合产品在消费者心中的价格定位,所以从各个方面全面考虑将本产品的市场价格定位在 350～500 元。

习 题

1. 请简述加速度和地磁传感器的总线接口方式。
2. 参加电子类大赛时撰写项目书一般有哪些项目必不可缺?
3. 项目的市场前景如何分析及撰写?

参 考 文 献

[1] 吴运昌.模拟电子线路基础.广州:华南理工大学出版社,2004 年.
[2] 李建忠.单片机原理及应用.西安:西安电子科技大学,2002 年.
[3] 谭浩强.C 语言程序设计.北京:清华大学出版社,2005.
[4] 富士通公司.富士通单片机 MB95F264K 技术手册.
[5] 美新(无锡)有限公司.MXC6202 数据手册.

附录 A 美新产品

A.1 美新加速度传感器

1. 基本原理

先进的微机电系统(MEMS)技术能有效地检测和感应移动,如众所周知的加速度传感器,广泛地应用在各种不同的工业领域中。微米大小的传感器能测量移动,如:加速度、振动、冲击、倾斜和倾角等。由于传统的电容或压电式技术的加速度传感器是通过测量微机械质量块结构的移动来实现的。这样的技术有其固有的缺陷,如表面黏附、冲击、磁滞现象、机械噪音、电磁干扰、昂贵的定制装配工艺、以及其他涉及微机械移动结构的挑战。

为了解决这些问题,美新公司研发了一种独有而崭新的技术并克服了传统加速度器集成电路技术的不足。基本上,这一独特的单芯片上设计方法不但大大降低了成本,无论在功能、质量和性能方面都达到卓越的效果。美新加速度传感器的原理是基于自由对流的传递性,器件通过测量由加速度器所引起的内部温度的变化来测量加速度,此技术与传统的实体质量块结构相比具有绝对性优势。

一个被放置在硅芯片中央的热源在一个空腔中产生一个悬浮的热气团。同时由铝和多晶硅组成的热电耦组被等距离对称地放置在热源的 4 个方向。在未受到加速度或水平放置时,温度的下降陡度是以热源为中心完全对称的,此时所有 4 个热电耦组因感应温度而产生的电压是相同的如图 A-1 所示。

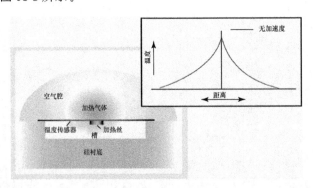

图 A-1 加速度传感器基本原理(一)

由于自由对流热场的传递性,任何方向的加速度都会扰乱热场的轮廓,从而导致其不对称,此时 4 个热电耦组的输出电压会出现差异。而这热电耦组输出电压的差异是直接与所感应的加速度成比例的。在加速度传感器内部有两条完全相同的加速度信号传输路径;一

条是用于测量 x 轴上所感应的加速度;另一条则用于测量 y 轴上所感应的加速度,如图 A-2 所示。

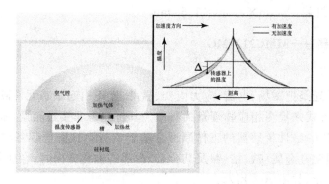

图 A-2　加速度传感器基本原理(二)

2. 实物照片

如图 A-3 所示为加速度传感器实物照片。

图 A-3　加速度传感器照片

3. 加速度传感器性能

■ 符合 RoHS 要求
■ I^2C 从机,快速模式（≤ 400 KHz）
■ IO 端口兼容 1.8 V
■ 自动切换电源上下电以及电路自测试功能
■ 温度输出
■ 八个可选地址
■ 2.7～3.6 V 电源工作电压
■ 单芯片集成 CMOS 电路
■ 低功耗,<2 mA@3 V
■ 分辨率优于 1 mg

- 单芯片数模混合信号处理
- ＞50 000 g 的抗冲击能力
- 小型 LCC 封装：5 mm×5 mm×1.55 mm

A.2　美新磁传感器——MMC212xMG

1. 基本原理

磁传感器的原理是把磁场、电流、应力应变、温度、光等引起敏感元件磁性能的变化转换成电信号，以这种方式来检测相应物理量的器件。其特点是非接触测量，坚固耐用，寿命长。

美新新型 MEMS 磁性传感器的工作原理是基于 AMR（铁磁薄膜各项异性磁阻）效应，当外加磁场偏离强磁性金属（铁、钴、镍及其合金）内部的磁化方向时，金属的电阻减小，而平行时基本上没有变化，如图 A-4 所示。

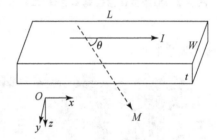

图 A-4　磁传感器基本原理

玻莫合金薄膜的电阻率 ρ 依赖于磁化强度 M 和电流 I 方向的夹角，即：

$$\rho(\theta) = \rho_\perp + (\rho_{//} - \rho_\perp)\cos^2\theta$$

式中：$\rho_{//}$，$\rho_\perp$ 分别为平行于 M 和垂直于 M 的电阻率。

2. 实物照片

如图 A-5 所示为磁传感器实物照片。

图 A-5　磁传感器照片

3. 磁传感器性能

- 小型封装：5 mm×5 mm×0.9 mm
- 低功耗：0.4 mA@3 V（典型值，每秒中50次采样）
- 符合RoHS要求
- 集成双轴地磁场传感器和信号处理电路
- I^2C从机，快速模式（≤400 KHz）
- IO端口兼容1.8 V
- I^2C端口自动切换电源上下电功能
- 2.7～3.6 V电源工作电压
- 灵敏度为512counts/gauss

A.3 美新流量传感器——MFC001

1. 基本原理

MEMSIC流量传感器是基于传热学"能量平衡"原理的热式质量流量计。流体的质量和流速直接与传感器上的温度场的梯度相关联。如图A-6所示，流速为零时，微热源两边的温度场呈对称分布，温差为零；当有气体流过传感器芯片时，将破坏温度场的对称分布，流速越高，带走的热量越大；同样，气体的密度越大，温度差越大，通过两端的温度差可测出气体的流速。由于气体的流速只与温度差有关系，这也减小了MEMS流量传感器的测量受环境温度及压力变化的影响。

(a) 无气体流动时

(b) 有气体流动时

图A-6 流量传感器基本原理

利用微机电热式质量流量传感器测量气体流量是基于流体中放置的热源的冷却。如图A-7所示，基于CMOS兼容技术的芯片，包含一个微热源和两个温度传感器（热电堆），这两个温度传感器对称地设置于微热源的上游和下游位置。

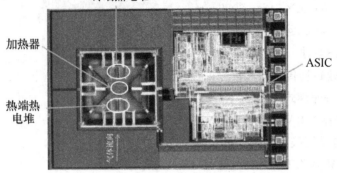

图 A-7　MEMSIC 流量传感器

2. 实物照片

如图 A-8 所示为流量模块外形图。

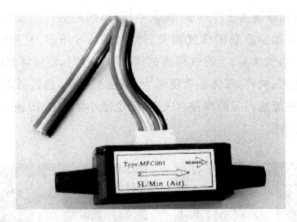

图 A-8　流量模块外形图

3. 主要性能指标

参数	数值
量程	0～5 L/min（空气）
电源电压（VDD）	2.7～5.5 V（推荐 3.3 V）
输出电压	0～600 mV
工作温度范围	−10℃～50℃
存储温度范围	−40℃～60℃
零点偏移	1 mV
最大零点温度漂移（−30℃～60℃）	0.2 mV

续表

参数	数值
功耗(流量为0)	3 mW
精度	Qmin(0.2 L):≤3%;Qmax(5 L):≤1.5%
重复性	≤0.6%
气体介质	Clean gases
流量通道(Height×width)	2.5 mm×3 mm
接口连接	VDD(Red),GND(Black),OutP(Blue),OutN(Yellow)

附录 B 敏芯产品

B.1 敏芯微电子压力传感器——MSPA15A

1. 基本原理

敏芯微电子提供的压力传感器-MSPA15A 是利用单晶硅材料的压阻效应和集成电路技术制成的传感器。单晶硅材料在受到力的作用后,电阻率发生变化,通过测量电路就可得到正比于力变化的电信号输出。

上述效应被称为压阻效应,即当力作用于硅晶体时,晶体的晶格产生变形,使载流子从一个能谷向另一个能谷散射,引起载流子的迁移率发生变化,扰动了载流子纵向和横向的平均量,从而使硅的电阻率发生变化。这种变化随晶体的取向不同而异,因此硅的压阻效应与晶体的取向有关。电阻的变化率由下面公式给出:

$$\frac{\Delta R}{R} = (1 + 2\mu)\frac{\Delta}{l} + \frac{\Delta \rho}{\rho}$$

式中:$\Delta \rho / \rho$ 对半导体材料一般很大,其变化为

$$\frac{\Delta \rho}{\rho} = \pi_1 \sigma = \pi_1 E_e \frac{\Delta}{l}$$

式中:π_1 为沿某晶向的压阻系数,σ 为应力,E_e 为半导体材料的弹性模量。

2. 具体结构与实物照片

MSPA15A 压阻式压力传感器的结构中,采用集成工艺将电阻条集成在单晶硅膜片上,制成硅压阻芯片,并将此芯片的周边固定封装于外壳之内,引出电极引线(图 B-1)。为了消除误差,共采用 4 个电阻条组成惠斯通电桥(Wheatstone Bridge)。

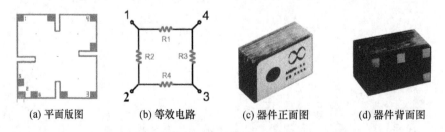

(a) 平面版图　　(b) 等效电路　　(c) 器件正面图　　(d) 器件背面图

图 B-1 敏芯微电子压力传感器

3. 应用领域

压阻式压力传感器广泛地应用于航天、航空、航海、汽车、石油化工、动力机械、生物医学

工程、气象、地质、地震测量等各个领域。在航天和航空工业中压力是一个关键参数,对静态和动态压力,局部压力和整个压力场的测量都要求很高的精度,压阻式压力传感器是用于这方面的较理想的传感器。例如,在波音客机的大气数据测量系统中采用了精度高达0.05%的配套硅压力传感器。在生物医学方面,压阻式传感器也是理想的检测工具。已制成扩散硅膜薄到10 μm,外径仅0.5 mm的注射针型压阻式压力传感器和能测量心血管、颅内、尿道、子宫和眼球内压力的传感器。此外,在油井压力测量、随钻测向和测位地下密封电缆故障点的检测以及流量和液位测量等方面都广泛应用压阻式压力传感器。随着微电子技术和计算机的进一步发展,压阻式压力传感器的应用还将迅速发展。

4. 主要性能指标

	limits			unit
	min.	nom.	max.	
电压	4	5	6	V
电流		1	2	mA
阻抗	4	5	6	kΩ
输出	75	100	125	mV
零点	−30	0	30	mV
灵敏度温漂	−0.15	−0.2	−0.3	%FS/℃
零点温漂	−0.08	−0.02	+0.08	%FS/℃
线性度	−0.3	0.1	0.3	%FS
迟滞	−0.3	0.1	0.3	%FS
最大压力			2X	Rated FS
破坏压力			3X	Rated FS
使用温度	−40		125	℃
储存温度	−40		125	℃

B.2 敏芯微电子硅麦克风声学传感器——MSMAS42Z

1. 基本原理

MEMS麦克风是利用硅薄膜来检测声压的。MEMS麦克风能够在芯片上集成一个模数转换器,形成具有数字或模拟输出的麦克风。由于大多数便携式应用最终都会把麦克风的模拟输出转换为数字信号来处理,因此系统架构可以设计成完全数字式的。这样一来,就从电路板上去掉了很容易产生噪音的模拟信号,并简化了总体设计,如图B-2所示。

此外,贴片式封装的MEMS麦克风与传统的ECM麦克风相比,MEMS麦克风具有以下优势:

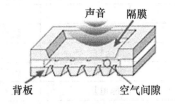

图 B-2 硅麦克风原理

(1) 制作工艺具有很好的重复性和一致性,从而保证每颗硅麦克风有相同的优秀表现。
(2) 声压电平高,且芯片内部一般有预放大电路,因此灵敏度很高。
(3) 频响范围宽:100～10 kHz
(4) 失真小:THD<1‰(at 1 kHz,500 mV p-p)(Total Harmonic Distortion,总谐波失真)
(5) 振动敏感度低:<1 dB
(6) 优异的抗 EMI 和 RFI 特性
(7) 电流消耗低:150 μA
(8) 耐潮湿环境和温度冲击。
(9) 耐高温,能够使用波峰焊。
(10) 能够经受振动、跌落、撞击等机械力和温度冲击。

2. 实物照片

如图 B-3 所示。

图 B-3　硅麦克风照片

3. 应用领域

MEMS 麦克风具有半导体产品的种种优点,解决了 ECM 所无法解决的许多困难。其中最为重要的一个特性是,MEMS 麦克风容易实现数字化,从而削除了传输噪音。MEMS 麦克风用途广泛,目前主要应用在手机中,数码相机、MP3 播放器和 PDA、耳机和助听器等领域也正在从 ECM 向 MEMS 过渡。

4. 主要性能指标

除非特别说明,所有数据在温度 25℃、湿度 45±5% 下有效。					
	范围			单位	条件
	最小		Max.		
指向性		全指向			
灵敏度	−45	−42	−39	dB	@1 kHz ref 1 V/Pa
电源电压	1.6		3.6		
频率范围	50	N/A	8000	Hz	±3 dbRef sensitivity@1 kHz

续表

灵敏度变化(电源电压变化时)	No change across the voltage range			dB	
信噪比(A计权)	55	58	N/A	dB	@1 kHz ref 1 V/Pa
总谐波失真	N/A	N/A	1%		100 dB SPL @1 kHz
	N/A	N/A	10%		115 dB SPL @1 kHz
输出阻抗	N/A	N/A	100	Ω	
电路	N/A	N/A	250	μA	
使用温度	−40	N/A	100	℃	
储存温度	−40	N/A	100	℃	

附录C 微电子学常用词及缩略语

半导体——semiconductor
半导体磁阻效应——semiconductor magneto resistive effect
倍增因子——multiplication coefficient
布拉格——Bragg
磁导率——magnetic permeability
磁敏二极管——magneto diode
磁敏三极管——magneto transistor
磁通门微磁强计——fluxgate micro-magnetometer
磁微传感器——magnetic micro-sensor
磁阻磁头——magneto resistive head
磁阻器件——magneto resistive devices
叉指电极——IDT(interdigital transducer electrode)
超导量子干涉器——SQUID (superconductivity quantum interference devices)
超导效应——superconducting effect
超高频率——VHF(very high frequency)
衬底——substrate
电磁感应——electromagnetic induction
电荷放大器——charge amplifier
电荷耦合器件——CCD(charge coupled device)
电化学传感器——electrochemical sensor
电阻率——resistivity
法布里-珀罗——F-P(Fabry-Perot)
发光二极管——LED(ligh emitting diode)
负电子亲和势——NEA(negative election affinity)
各向异性磁阻效应——AMR(anisotropic magneto resistance)
惯性力——inertia force
光电二极管——photodiode
光交叉连接——OXC(optical cross connect)
光束散射——light-scattering
厚剪切模——TSM(thickness-shear mode)

互补金属氧化物半导体——CMOS(complementary metal-oxide semicondultor)
化学微传感器——chemical micro-sensors
惠斯通电桥——Wheatstone bridge
霍尔效应——Hall effect
霍尔电势——Hall electrical potential
霍尔传感器——Hall sensor
集成电路——IC(integrated circuit)
基因芯片——DNA Chip
交流约瑟夫森效应——AC Josephson effect
巨磁电阻效应——GMR(Giant magneto resistance)
聚二甲基硅氧烷——PDMS(Polydimethylsiloxane)
聚酰亚胺——polyimide
兰姆波——Lamb
离子敏场效应管——ISFFT(ion-sensitive field-effect transistor)
离子敏传感器——Ion-sensitive sensor
离子体共振法——SPR(surface plasman resonance)
离子选择性电极——ISE(ion selective electrodes)
离子选择性微电极——ISM(ion selective microelectrodes)
灵敏度因子——sensitivity factor
酶传感器——enzyme sensor
酶电极——enzyme electrode
免疫传感器——immunity sensor
模数转换——A／D
能斯特公式——Nernst formula
能斯特响应——Nernst response
黏滞力——viscous force
气敏传感器——gas-sensitive sensor
挠性平板波——FPW(flexural plate wave)
热传递系数——thermal transfer coefficient
热导率——thermal conductivity

附录 C 微电子学常用词及缩略语

热胀系数——coefficients of thermal expansion
赛贝克电压——Seebeck voltage
射频 MEMS——RF MEMS
声表面波——SAW(surface acoustic wave)
生化需氧量或生化耗氧量——BOD
声平板模——APM(acoustic plate mate)
生物-MEMS——Bio-MEMS
生物微传感器——Bio-Microsensors
声阻抗——acoustic impedance
识别——ID(Identify)
湿敏传感器——humidity-sensitive sensor
数字微镜元件——DMD：Digital Mirror Device
水平剪切声平板模——SH-APM(Shear horizontal acoustic plate wave)
隧道效应磁强计——tunneling magnetometer
体声波——BAW(bulk acoustic wave)
脱氧核糖核酸——DNA(deoxyribonucleic acid)

微电子机械系统——MEMS(micro electro mechanical systems)
微电子芯片——microelectronic chip
微光机电系统——MOEMS
微生物传感器——microbial sensor
微生物电极——microbial electrode
细胞传感器——cell sensor
线胀系数——coefficient of linear extensibility
悬臂梁——cantilever beams
压控振荡器——VCO：Voltage-Controlled Oscillator
压阻效应——electroresistive effect
噪声等效功率——NEP
直流约瑟夫森效应——DC Josephson effect
自动矢量网络分析仪——AVNA(automation vector network anatyzer)
组织传感器——tissue sensor